全国监理工程师职业资格考试核心考点掌中宝

建设工程合同管理
核心考点掌中宝

全国监理工程师职业资格考试核心考点掌中宝编写委员会　编写

中国建筑工业出版社

图书在版编目（CIP）数据

建设工程合同管理核心考点掌中宝/全国监理工程
师职业资格考试核心考点掌中宝编写委员会编写. —北
京：中国建筑工业出版社，2021.2（2021.11重印）
全国监理工程师职业资格考试核心考点掌中宝
ISBN 978-7-112-25894-9

Ⅰ.①建… Ⅱ.①全… Ⅲ.①建筑工程-经济合同-
管理-资格考试-自学参考资料 Ⅳ.①TU723.1

中国版本图书馆CIP数据核字（2021）第033367号

全国监理工程师职业资格考试核心考点掌中宝

建设工程合同管理核心考点掌中宝

全国监理工程师职业资格考试核心考点掌中宝编写委员会 编写

*

中国建筑工业出版社出版、发行（北京海淀三里河路9号）
各地新华书店、建筑书店经销
霸州市顺浩图文科技发展有限公司制版
北京建筑工业印刷厂印刷

*

开本：850毫米×1168毫米 1/32 印张：5¼ 字数：142千字
2021年4月第一版 2021年11月第四次印刷
定价：**29.00**元
ISBN 978-7-112-25894-9
（38213）

版权所有 翻印必究

本书按照考试大纲要求编写，共分为三部分：第一部分为方法技巧篇，为考生说明如何备考监理工程师考试和答题技巧与方法；第二部分为考题采分篇，总结近几年考题的采分点，帮助考生掌握考试的重点；第三部分为核心考点篇，对历年来考试命题涉及的一些知识点进行科学的归纳，通过突出主干知识，形成网络的知识链，帮助考生建立完备的知识体系，使考生真正找到试题之源。

本书采用小开本印刷，方便随身携带，可充分利用碎片时间高效率的复习备考。

责任编辑：范业庶　张　磊　王华月
责任校对：张　颖

前　　言

　　《全国监理工程师职业资格考试核心考点掌中宝》系列丛书由多位名师以考试大纲和考试指定用书为基础编写而成，目的是为了帮助考生在零散、有限的时间内能掌握考试的关键知识点，加深记忆，提高考试能力。本套丛书包括四分册，分别为《建设工程监理基本理论和相关法规核心考点掌中宝》《建设工程合同管理核心考点掌中宝》《建设工程目标控制（土木建筑工程）核心考点掌中宝》《建设工程监理案例分析（土木建筑工程）核心考点掌中宝》。

　　具体来讲，本系列丛书具有如下特点：

　　三部分讲解　每册图书均包括三部分，为方法技巧篇、考题采分篇和核心考点篇。方法技巧篇主要阐述如何备考监理工程师考试和答题技巧与方法；考题采分篇以表的方式体现近几年考题的采分点，这部分内容可以帮助考生掌握考试的重点；核心考点篇是对历年来考试命题涉及的一些知识点进行科学的归纳，通过突出主干知识，形成网络的知识链，帮助考生建立完备的知识体系，使考生真正找到试题之源。

　　考点归纳　本套丛书主要以历年真题知识点出现的频率及重要的考点程度进行了分级。由低到高分为★、★★、★★★三个级别，其中星级越高，代表出现相关考题的可能性越大。本套丛书还将教材中涉及原则、方法、依据、特点等易混淆的知识进行分类整理，指导考生梳理和归纳已学知识，有效形成基础知识的提高和升华。

　　图表结合　本套丛书主要以图表的方式来总结核心考点，详细归纳需要考生掌握的内容。

　　贴心提示　本套丛书将不是很好理解的内容做详细的分析，会告诉考生学习方法、记忆方法和解题技巧，也会提示考生要重点关注的知识点。

重点标记 本套丛书在易混淆、重点内容加注下划线，提示考生要特别注意，省却了考生勾画重点的精力。

携带方便 本套丛书采用小开本印刷，便于携带学习，可充分利用碎片时间高效率地完成备考工作。

巩固强化 本套丛书适合考生在平时的复习中对重要考点进行巩固记忆，又适合有一定基础的考生在串讲阶段和考前冲刺阶段强化记忆。

由于时间仓促，书中难免会存在不妥和不足之处，敬请读者批评指正。

增值服务

1. 免费答疑服务：专门为考生配备了专业答疑老师解答疑难问题，答疑 QQ 群：882747297、883462295（加群密码：助考服务）。

2. 考前全真模拟试卷：考前 10 天为考生提供免费临考全真模拟试卷一套。

3. 高频考点 5 页纸：考前两周为考生免费提供浓缩的高频考点。

4. 习题解答思路和方法：为考生提供备考指导、知识重点、难点解答技巧。

5. 重点题目解题技巧指导：对计算题、网络图、典型的案例分析题等的难度稍大一些题目，为考生提供解题方法、技巧，也会提供公式的轻松记忆方法。

6. 知识导图：免费为考生提供所有科目的知识导图，帮助考生理清所需学习的知识。

7. 配备助学导师：为每一科目配备专门的助学导师，在考生整个学习过程中提供全方位的助学帮助。

目　　录

第一篇　方法技巧篇

第二篇　考题采分篇

第三篇　核心考点篇

7

第一篇　　方法技巧篇

（一）如何备考监理工程师考试?

1. 准备好考试大纲和教材

监理工程师考试统一使用的考试大纲、教材在复习中起到很重要的作用。它会告诉你考题类型和题型趋势,所以一定要对教材和大纲进行认真的阅读以及认真完成习题。教材和大纲要反复阅读,仅仅看一遍是不能产生长久记忆的。如果有精力可以准备几本辅导书,增加自己的知识量。

2. 标记考试真题

将近几年的考试真题在教材中找到出处,并标记是哪一年的真题。当把近几年的真题全部标记好,你就会发现,有些题目很相似,或许是题干一样,或许题型一样,又或许数字一样。

3. 总结命题采分点

根据教材中标记的考试真题,统计各章节在历年考试中所占分值,可以更好地把握命题的规律,以及难易程度是如何分配的。

4. 全面熟读教材

要理解性的记住教材上的重点内容,特别是关键的字、词、句和相关数字性的规定。做到不仅心中明白,而且能够用专业术语在纸面上答题,达到考试的要求。

5. 重要考点突击

在对教材通读的基础上,考生应注意抓住重点内容进行复习,这些知识点在每年的考试中都会出现,只不过命题形式不同罢了。对于重要的知识要反复地记,做到烂熟于心,还要考虑一下这个知识点出现在不同的试题中要如何去作答,把这些要掌握的专业技术知识掌握得更加熟练,运用得更加灵活。

《全国监理工程师职业资格考试核心考点掌中宝》系列丛书,是非常适合在平时的复习中对重要考点进行巩固记忆,又适合有一定基础的考生在考前冲刺阶段强化记忆。在易混淆、重点内容下加注下划线,提示考生要特别注意,省却了考生勾画重点的精力,只要全身心投入记忆即可。本书还有一个特点就是便于考生携带，随翻随学，可利用各种场合的闲暇时间翻阅学习，在复习备考的有限时间内，充分利用本书，可以用最少的时间达到最佳的效果。

（二）答题技巧与方法

1. 单项选择题的答题技巧与方法

单项选择题每题 1 分，由题干和 4 个备选项组成，备选项中只有 1 个最符合题意，其余 3 个都是干扰项。如果选择正确，则得 1 分，否则不得分。单项选择题大部分来自考试用书中的基本概念、原理和方法，一般比较简单。如果考生对试题内容比较熟悉，可以直接从备选项中选出正确项，以节约时间。当无法直接选出正确选项时，可采用逻辑推理的方法进行判断，选出正确选项，也可通过逐个排除不正确的干扰选项，最后选出正确选项。通过排除法仍不能确定正确项时，可以凭感觉进行猜测。当然，排除的备选项越多，猜中的概率就越大。单项选择题一定要作答，不要空缺。单项选择题必须保证正确率在 75% 以上，实际上这一要求并不是很高。单项选择题解题方法和答题技巧一般有以下几种方法：

（1）直接选择法。即直接选出正确项，如果应考者对该考点比较熟悉，可采用此方法，以节约时间。

（2）间接选择法。即排除法，如正确答案不能直接马上看出，逐个排除不正确的干扰项，最后选出正确答案。

（3）感觉猜测法。通过排除法仍有 2 个或 3 个答案不能确定，甚至 4 个答案均不能排除，可以凭感觉随机猜测。一般来说，排除的答案越多，猜中的概率越高，千万不要空缺。

（4）比较选择法。命题者水平再高，有时为了凑答案，句子或用词不是那么专业化或显得又太专业化，通过对答案和题干进行研究、分析、比较可以找出一些陷阱，去除不合理选项，从而再应用排除法或猜测法选定答案。

2. 多项选择题的答题技巧与方法

多项选择题每题 2 分，由题干和 5 个备选项组成，备选项中至少有 2 个、最多有 4 个最符合题意，至少有 1 个是干扰项。因此，正确选项可能是 2 个、3 个或 4 个。如果全部选择正确，则得 2 分；只要有 1 个备选项选择错误，该题不得分。如果答案中没有错误选项，但未全部选出正确选项时，选择的每 1 个选项得 0.5 分。多项选择题的作答有一定难度，考生考试成绩的高低及能否通过考试科目，在很大程度上取决于多项选择题的得分。考生在作答多项选择题时，首先选择有把握的正确选项，对没有把握的备选项最好不选，除非有绝对选择正确的把握，最好不要选 4 个答案是正确的。当对所有备选项均没有把握时，可以采用猜测法选择 1 个备选项，得 0.5 分总比不得分强。多项选择题中至少应该有 30％的题考生是可以完全正确选择的，这就是说可以得到多项选择题的 30％的分值，如果其他 70％的多项选择题，每题选择 2 个正确答案，那么考生又可以得到多项选择题的 35％的分值，这样就可以稳妥地过关。

多项选择题的解题方法也可采用直接选择法、排除法、比较法和逻辑推理法，但一定要慎用感觉猜测法。应考者做多项选择题时，要十分慎重，对正确选项有把握的，可以先选；对没有把握的选项最好不选。

3. 案例分析题的答题技巧与方法

案例分析题的目的是综合考核考生对有关的基本内容、基本概念、基本原理、基本原则和基本方法的掌握程度以及检验考生灵活应用所学知识解决工作实际问题的能力。案例分析题解答时应注意以下几点：

（1）首先要详细阅读案例分析题的背景材料，建议阅读两遍，理清背景材料中的各种关系和相关条件，抓住关键词和要点。

（2）看清楚问题的内容，充分利用背景材料中的条件，确定解答该问题所需运用的知识内容，注意有问必答，答为所问，不要"画蛇添足"。

（3）看清楚有几个问题，不要漏答，每一个问号都是一个采分点，要分别回答，不能漏答，否则要失分。

（4）答题要有层次，解答紧扣题意，有问必答，不问不答，一问一答，一般来说，四五个问题之间的关联性小，但每个问题的若干小问有关联。

（5）字体要端正，易得印象分。

（6）案例分析题的答题位置要正确。

第二篇　　考题采分篇

（一）建设工程合同管理法律制度

近 11 年考试真题采分点分布

考点	近 11 年考查情况/分																					
	2011年		2012年		2013年		2014年		2015年		2016年		2017年		2018年		2019年		2020年		2021年	
	单选	多选	单选	多选	单选	多选	单选	多选	单选	多选	单选	多选	单选	多选	单选	多选	单选	多选	单选	多选	单选	多选
合同计价方式																			1			2
合同签订及履行阶段的管理任务和方法																			1	2		2
合同法律关系的构成																		2				2
合同法律关系主体							1			2	1		1	2	1	2						
合同法律关系的客体								2	2		1		1				1			2		
合同法律关系的内容											2											

9

近11年考查情况/分

考点	2011年单选	2011年多选	2012年单选	2012年多选	2013年单选	2013年多选	2014年单选	2014年多选	2015年单选	2015年多选	2016年单选	2016年多选	2017年单选	2017年多选	2018年单选	2018年多选	2019年单选	2019年多选	2020年单选	2020年多选	2021年单选	2021年多选
合同法律关系的产生、变更与消灭							1			2					1			2				
代理的特征									1		1							2				
代理的种类	1					2				2			1			2						
无权代理												2	1			2		2				
担保方式	1				1		1				1		1					2				
保证的法律关系主体和方式					1		1									2						
保证人的资格和保证合同的内容		2			1										1		1					
保证责任												2		2		2						
抵押物	1			2		2		2							1					1	1	
抵押的效力及抵押权的实现			1	2	1					2				2								2

10

考点	2011年 单选	2011年 多选	2012年 单选	2012年 多选	2013年 单选	2013年 多选	2014年 单选	2014年 多选	2015年 单选	2015年 多选	2016年 单选	2016年 多选	2017年 单选	2017年 多选	2018年 单选	2018年 多选	2019年 单选	2019年 多选	2020年 单选	2020年 多选	2021年 单选	2021年 多选
质押		2		2					1							2						
定金																		1		1		
保证在建设工程中的应用	1						1		1		1	2	3				1		1		1	
建筑工程一切险的概述与被保险人	1												1									
建筑工程一切险及安装工程一切险的责任范围及除外责任				2			1		1		1			2			1			2		2
第三者责任险与建筑工程一切险的保险期限	2		1			2										1					1	
施工企业职工意外伤害险																			1			

(二) 建设工程勘察设计招标

近 11 年考试真题采分点分布

近 11 年考查情况/分

考点	2011年		2012年		2013年		2014年		2015年		2016年		2017年		2018年		2019年		2020年		2021年	
	单选	多选	单选	多选	单选	多选	单选	多选	单选	多选	单选	多选	单选	多选	单选	多选	单选	多选	单选	多选	单选	多选
工程勘察设计招标特征							1															
公开招标和邀请招标																			2			
可以不招标的情形																	2		2			
工程勘察设计招标应具备的条件及招标公告和投标邀请书的内容												1										2
勘察、设计单位资质类别															1							
勘察设计招标文件的内容及要求																						
联合体和分包的规定																2					1	
投标保证金的规定					2				2				2		1	2			1			
招标文件的澄清											1		2		1		1					
工程勘察设计的开标															1				1			

12

近 11 年考查情况/分

考点	2011年 单选	2011年 多选	2012年 单选	2012年 多选	2013年 单选	2013年 多选	2014年 单选	2014年 多选	2015年 单选	2015年 多选	2016年 单选	2016年 多选	2017年 单选	2017年 多选	2018年 单选	2018年 多选	2019年 单选	2019年 多选	2020年 单选	2020年 多选	2021年 单选	2021年 多选
工程勘察设计评标委员会的组成																			1			
工程勘察设计评标程序及方法								1												2		2
投标的否决																					1	
确定中标人及签订合同		2										2										

(三) 建设工程施工招标及工程总承包招标

近 11 年考试真题采分点分布

近 11 年考查情况/分

考点	2011年 单选	2011年 多选	2012年 单选	2012年 多选	2013年 单选	2013年 多选	2014年 单选	2014年 多选	2015年 单选	2015年 多选	2016年 单选	2016年 多选	2017年 单选	2017年 多选	2018年 单选	2018年 多选	2019年 单选	2019年 多选	2020年 单选	2020年 多选	2021年 单选	2021年 多选
标准施工招标文件组成及适用范围																		2	1	2		

近11年考查情况/分

考点	2011年单选	2011年多选	2012年单选	2012年多选	2013年单选	2013年多选	2014年单选	2014年多选	2015年单选	2015年多选	2016年单选	2016年多选	2017年单选	2017年多选	2018年单选	2018年多选	2019年单选	2019年多选	2020年单选	2020年多选	2021年单选	2021年多选
工程施工招标程序																						
工程施工招标准备																	1		1		1	2
发售招标文件及现场踏勘																			1		1	
开标程序																						
组建评标委员会					1				1	2			1				1				1	2
合同签订															1	1				1	1	2
重新招标和不再招标										2												
标准资格预审文件的组成													1				1					2
有限数量制																				1		
最低评标价法的评审比较原则及基本步骤															1		1		1		1	
最低评标价法的初步评审标准									1		1									4		2
最低评标价法的评审程序											1		1		1		1					

14

（四）建设工程材料设备采购招标

近 11 年考试真题采点分布

近 11 年考查情况/分

考点	2011年 单选	多选	2012年 单选	多选	2013年 单选	多选	2014年 单选	多选	2015年 单选	多选	2016年 单选	多选	2017年 单选	多选	2018年 单选	多选	2019年 单选	多选	2020年 单选	多选	2021年 单选	多选
材料设备采购方式及其特点																			1		1	
材料设备采购批次																						
标包划分特点							1							1				1			1	2
材料设备采购招投标报价方式																				2		2
材料采购招标文件的编制																				2		
材料采购的初步评审																						
设备招标标书要求及服务要求											2											
设备招标工作要点													1							2		
设备采购综合评估法价格因素的评价																			1		1	

（五）建设工程勘察设计合同管理

近11年考试真题采分点分布

近11年考查情况/分

考点	2011年 单选	2011年 多选	2012年 单选	2012年 多选	2013年 单选	2013年 多选	2014年 单选	2014年 多选	2015年 单选	2015年 多选	2016年 单选	2016年 多选	2017年 单选	2017年 多选	2018年 单选	2018年 多选	2019年 单选	2019年 多选	2020年 单选	2020年 多选	2021年 单选	2021年 多选
建设工程勘察合同文本的构成																			1			
勘察依据及发包人应向勘察人提供的文件资料																			1		1	
建设工程勘察合同勘察要求																				2		2
建设工程勘察合同价格与支付																			1	2		2
建设工程设计合同发包人的管理																			1			
建设工程设计合同的管理																						
建设工程设计合同的设计要求																				2		2
建设工程设计合同价格与支付																			2		1	
建设工程设计合同的违约责任																			2		2	

（六）建设工程施工合同管理

近11年考试真题采分点分布

近11年考查情况/分

考点	2011年单选	2011年多选	2012年单选	2012年多选	2013年单选	2013年多选	2014年单选	2014年多选	2015年单选	2015年多选	2016年单选	2016年多选	2017年单选	2017年多选	2018年单选	2018年多选	2019年单选	2019年多选	2020年单选	2020年多选	2021年单选	2021年多选
施工合同标准文本概述															1	2	1		1			
标准施工合同的通用条款和专用条款																	1					
合同附件格式							4		1		2	2	2	2	1			2		2		1
简明施工合同									1													
施工监理人的定义和职责							2		1						1	2		2		2		2
标准施工合同文件							1							1		2	1					
订立合同时需要明确的内容												2					1					
物价浮动的合同价格调整									1	2	1				1			2				1

近11年考查情况/分

考点	2011年		2012年		2013年		2014年		2015年		2016年		2017年		2018年		2019年		2020年		2021年	
	单选	多选	单选	多选	单选	多选	单选	多选	单选	多选	单选	多选	单选	多选	单选	多选	单选	多选	单选	多选	单选	多选
明确保险责任							1		1		1	2	1			2	1	2	1	2		
发包人的义务							1					1		2				2		2	1	
承包人的义务										2			1			2		2		2	1	
监理人职责								2			1				1		1		1			
合同履行涉及的几个时间期限													1		1				1			
承包人原因的延误与发包人要求提前竣工										1	1								1			
暂停施工															1		1		1	2		2
承包人的质量管理											1					1				2		
监理人的质量检查和试验	1														1				1			
对发包人提供的材料和工程设备管理																		2	1			2
通用条款中涉及支付管理的几个概念						1		2		2	2	2		2		2		2		2		2

近 11 年考查情况/分

考点	2011年 单选	2011年 多选	2012年 单选	2012年 多选	2013年 单选	2013年 多选	2014年 单选	2014年 多选	2015年 单选	2015年 多选	2016年 单选	2016年 多选	2017年 单选	2017年 多选	2018年 单选	2018年 多选	2019年 单选	2019年 多选	2020年 单选	2020年 多选	2021年 单选	2021年 多选
外部原因引起的合同价格调整									1		1									1		
工程量计量												2									1	
工程进度款的支付													1				1		1			
施工安全管理										2									1			
变更的范围和内容、指示变更与申请变更	1			2																	1	2
变更估价和不利物质影响								1			1										1	4
不可抗力					1		1											2			1	
承包人的索赔	1								1													
标准施工合同中应给承包人补偿的条款												2	2			2		2		2		
合同工程的竣工验收			1		1												1					
竣工清场																		2			1	
缺陷责任期管理	1		1																			

19

（七）建设工程总承包合同管理

近11年考试真题采点分布

近11年考查情况/分

考点	2011年		2012年		2013年		2014年		2015年		2016年		2017年		2018年		2019年		2020年		2021年	
	单选	多选	单选	多选	单选	多选	单选	多选	单选	多选	单选	多选	单选	多选	单选	多选	单选	多选	单选	多选	单选	多选
设计施工总承包合同方式的优点与不足																		2				
工程总承包合同有关各方管理职责									1	2		2		2	1	2	1		1		1	
设计施工总承包合同文件的组成及解释顺序												1					1					1
设计施工总承包合同的含义							1			2	1		2	2	1					1	1	
订立合同时需要明确的内容									1		1		1		1			2			1	2

20

中 11 年考查情况/分

考点	2011年		2012年		2013年		2014年		2015年		2016年		2017年		2018年		2019年		2020年		2021年	
	单选	多选	单选	多选	单选	多选	单选	多选	单选	多选	单选	多选	单选	多选	单选	多选	单选	多选	单选	多选	单选	多选
工程总承包合同订立中的保险责任									1		1	2	1	2				1				2
设计工作的合同管理							1											1	1			
工程进度付款										2	1											
合同变更的程序									1				1									
设计施工总承包合同通用条款中,可以给承包人补偿的条款										1						2		2		2		
竣工验收的合同管理											1	2								2		
缺陷责任期管理										4		2		2								

（八）建设工程材料设备采购合同管理

近11年考试真题采分点分布

近11年考查情况/分

考点	2011年		2012年		2013年		2014年		2015年		2016年		2017年		2018年		2019年		2020年		2021年	
	单选	多选	单选	多选	单选	多选	单选	多选	单选	多选	单选	多选	单选	多选	单选	多选	单选	多选	单选	多选	单选	多选
材料设备采购合同的概念和特点											1						2					2
材料设备采购合同的分类							1	2	2									1			1	
材料采购合同的价格与支付																				4	1	
材料采购合同的包装、标记、运输和交付																			1			1
材料采购合同的检验和验收																			1			
材料采购合同的违约责任																			1			
设备采购合同价格与合同价格与支付																				2	1	

22

近11年考查情况/分

考点	2011年		2012年		2013年		2014年		2015年		2016年		2017年		2018年		2019年		2020年		2021年	
	单选	多选	单选	多选	单选	多选	单选	多选	单选	多选	单选	多选	单选	多选	单选	多选	单选	多选	单选	多选	单选	多选
设备采购合同的包装、标记、运输、交付										2		2	1							1	1	
设备采购合同的安装、调试、考核和验收																				1		
设备采购合同的违约责任																						2

（九）国际工程常用合同文本

近11年考试真题采分点分布

近11年考查情况/分

考点	2011年		2012年		2013年		2014年		2015年		2016年		2017年		2018年		2019年		2020年		2021年	
	单选	多选	单选	多选	单选	多选	单选	多选	单选	多选	单选	多选	单选	多选	单选	多选	单选	多选	单选	多选	单选	多选
《施工合同条件》中各方责任和义务																	1			1		
《施工合同条件》典型条款分析																				1	1	

近 11 年考查情况/分

考点	2011年		2012年		2013年		2014年		2015年		2016年		2017年		2018年		2019年		2020年		2021年	
	单选	多选	单选	多选	单选	多选	单选	多选	单选	多选	单选	多选	单选	多选	单选	多选	单选	多选	单选	多选	单选	多选
《设计采购施工(EPC)/交钥匙合同条件》及各方责任和义务																				2		2
《设计采购施工(EPC)/交钥匙合同条件》典型条款分析																			1	4	1	2
ECC 合同的内容组成											1				1		1	2		2	1	
ECC 合同中的合作伙伴管理理念										2			1			2						
CM 模式及其类型											2					2						2
风险型 CM 模式的工作特点											2											
风险型 CM 模式的合同计价方式							1		1		2				1		1					
IPD 合同模式																			1			

24

第三篇　　核心考点篇

第一章　建设工程合同
管理法律制度

第一节　合同管理任务和方法

核心考点 1　合同计价方式（必考指数★）

方式	性质/分类	特点/适用
单价合同	(1)由于<u>单价合同是根据工程量实际发生的多少而支付相应的工程款</u>，发生的多则多支付，发生的少则少支付，这使得在施工工程"价"和"量"方面的风险分配对合同双方均显公平。 (2)单价合同又可分为<u>固定单价合同和可变单价合同</u>	(1)<u>单价优先</u>，多适用于在发包时施工工程内容和工程量尚不能明确确定的情况。 (2)利于<u>尽早开工</u>。 (3)实际应付工程款可能超过估算，<u>控制投资难度较大</u>
总价合同	(1)采用固定总价合同，承包商几乎承担了工作量及价格变动的全部风险，如项目漏报、工作量计算错误、费用价格上涨等，对业主而言，在合同签订时就可以基本确定项目总投资额，有利于投资控制；通过把风险分配给承包商，业主承担的风险较小。 (2)施工期限一年左右的项目可考虑采用<u>固定总价合同</u>，以签订合同时的单价和总价为准，物价上涨等风险由承包商承担；建设周期一年半以上的，宜采用<u>可调总价合同</u>	(1)固定总价合同一般适用于工程范围和任务明确，工程设计图纸完整详细，承包商了解现场条件、能准确确定工程量及施工计划，施工期较短、价格波动不大的项目。 (2)市场价格变动等风险由<u>业主承担</u>，与固定总价合同相比，在一定程度上降低了承包商的风险，但对业主而言，突破合同既定价格的风险有所增大
成本加酬金合同	成本加酬金合同还可分为成本加固定酬金合同、成本加固定百分比酬金合同、成本加可变酬金合同等形式	通常仅适用于工程复杂，工程技术、结构方案难以预先确定，时间特别紧迫(如抢险救灾)的项目

核心考点2 合同签订及履行阶段的管理任务和方法（必考指数★）

任务方法	内容
组织做好合同评审工作	合同评审主要包括的内容：合法性、合规性评审；合理性、可行性评审；合同严密性、完整性评审；与产品或过程有关要求的评审；合同风险评估
制定完善的合同管理制度和实施计划	合同实施计划应包括：合同实施总体安排；合同分解与管理策划；合同实施保证体系的建立
落实细化合同交底工作	合同交底应包括的内容：合同的主要内容；合同订立过程中的特殊问题及合同待定问题；合同实施计划及责任分配；合同实施的主要风险；其他应进行交底的合同事项
及时进行合同跟踪、诊断和纠偏	合同相关各方应在合同实施过程中采用 PDCA 循环(计划—执行—检查—处置)方法定期进行合同跟踪诊断和纠偏
灵活规范应对处理合同变更问题	合同变更应当符合下列条件： (1)变更的内容应符合合同约定或者法律法规规定。变更超过原设计标准或者批准规模时，应由当事方按照规定程序办理变更审批手续。 (2)变更或变更异议的提出，应符合合同约定或者法律法规规定的程序和期限。 (3)变更应经当事方或其授权人员签字或盖章后实施。 (4)变更对合同价格及工期有影响时，相应调整合同价格和工期
开发和应用信息化合同管理系统	基于计算机和互联网技术的线上合同管理系统是实现信息共享、协同工作、过程控制、实时管理的重要手段
正确处理合同履行中的索赔和争议	索赔证据包括当事人陈述、书证、物证、视听资料、电子数据、证人证言、鉴定意见、勘验笔录等证据形式
开展合同管理评价与经验教训总结	合同总结报告应包括的内容：合同订立情况评价；合同履行情况评价；合同管理工作评价；对本项目有重大影响的合同条款评价；其他经验和教训等

任务方法	内容
倡导构建合同各方合作共赢机制	形成"让我们一起努力、一起分享"的项目文化,建立参建各方"责任上分、目标上合的目标激励机制;合同上分、利益上合的利益驱动机制;岗位上分、思想上合的协调机制"

第二节　合同管理相关法律基础

核心考点 1　合同法律关系的构成（必考指数★）

项目	内容
概念	合同法律关系是指由合同法律规范所调整的、在民事流转过程中所产生的权利义务关系
要素	合同法律关系包括合同法律关系主体、合同法律关系客体、合同法律关系内容三个要素

核心考点 2　合同法律关系主体（必考指数★★★）

主体	应具备的条件/责任承担	分类
自然人	(1)作为合同法律关系主体的自然人必须具备相应的民事权利能力和民事行为能力。 (2)民事权利能力是民事主体依法享有民事权利和承担民事义务的资格。自然人从出生时起到死亡时止	根据自然人的年龄和精神健康状况,可以将自然人分为完全民事行为能力人、限制民事行为能力人和无民事行为能力人。 (1)不满8周岁的未成年人为无民事行为能力人,由其法定代理人代理实施民事法律行为。 (2)8周岁以上的未成年人为限制民事行为能力人,实施民事法律行为由其法定代理人代理或者经其法定代理人同意、追认,但是可以独立实施纯获利益的民事法律行为或者与其年龄、智力相适应的民事法律行为。 (3)16周岁以上的未成年人,以自己的劳动收入为主要生活来源的,视为完全民事行为能力人

主体	应具备的条件/责任承担	分类
法人	（1）法人是具有民事权利能力和民事行为能力，依法独立享有民事权利和承担民事义务的组织。 （2）法人应当依法成立。法人应当有<u>自己的名称</u>、<u>组织机构</u>、<u>住所</u>、<u>财产或者经费</u>。 （3）法定代表人以<u>法人名义</u>从事的民事活动，其法律后果由<u>法人</u>承受。 （4）法定代表人因执行职务造成他人损害的，由<u>法人</u>承担民事责任。法人承担民事责任后，依照法律或者法人章程的规定，可以向<u>有过错的法定代表人</u>追偿	《民法典》将法人分为营利法人、非营利法人和特别法人
非法人组织	非法人组织是不具有法人资格，但是能够依法以自己的名义从事民事活动的组织	非法人组织包括个人独资企业、合伙企业、不具有法人资格的专业服务机构等

重点提示：

　　自然人的民事权利能力和民事行为能力考虑精神和年龄两个方面。牢记 8 岁、16 岁、18 岁三个时间点。

核心考点 3　合同法律关系的客体（必考指数★★★）

客体	内容
物	法律意义上的物是指可为人们控制并具有经济价值的生产资料和消费资料，可以分为动产和不动产、流通物与限制流通物、特定物与种类物等。如<u>建筑材料</u>、<u>建筑设备</u>、<u>建筑物</u>等都可能成为合同法律关系的客体。 　　特例：<u>货币</u>作为一般等价物也是法律意义上的物，可以作为合同法律关系的客体，如借款合同等

客体	内容
行为	在合同法律关系中,行为多表现为完成一定的工作,如<u>勘察设计</u>、<u>施工安装</u>等,这些行为都可以成为合同法律关系的客体。行为也可以表现为提供一定的劳务,如<u>绑扎钢筋</u>、<u>土方开挖</u>、<u>抹灰</u>等
智力成果	创造出的精神成果,包括<u>知识产权</u>、<u>技术秘密</u>及在特定情况下的公知技术。如<u>专利权</u>、<u>工程设计</u>等

重点提示：

（1）该处的考核形式多为分析判断属于物、行为或智力成果的选项有<u>哪些</u>，也可以反向进行考核。

（2）应能够对三者进行区分判断，注意特例（货币）。

（3）客体要素助记口诀：<u>无味果/物为果</u>。

核心考点 4　合同法律关系的内容（必考指数★）

项目	内容
权利	权利是指合同法律关系主体在<u>法定范围</u>内,按照<u>合同</u>的约定有权按照自己的意志作出某种行为
义务	义务是指合同法律关系主体必须按<u>法律规定或约定</u>承担应负的责任

核心考点 5　合同法律关系的产生、变更与消灭（必考指数★★★）

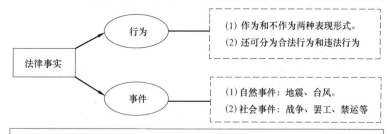

重点提示：

能够引起合同法律关系产生、变更和消灭的客观现象和事实，就是法律事实。法律事实包括<u>行为和事件</u>。

需要注意的是：行政行为和<u>发生法律效力的法院判决、裁定</u>以及仲裁机构<u>发生法律效力的裁决</u>等，也是一种法律事实，也能引起法律关系的发生、变更、消灭。

核心考点6　代理的特征（必考指数★★）

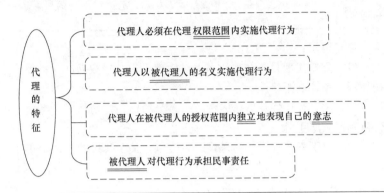

代理的特征
- 代理人必须在代理权限范围内实施代理行为
- 代理人以被代理人的名义实施代理行为
- 代理人在被代理人的授权范围内独立地表现自己的意志
- 被代理人对代理行为承担民事责任

重点提示：

（1）代理是代理人以被代理人的名义实施的法律行为，所以在代理关系中所设定的权利义务，应当直接归属被代理人享受和承担。

（2）被代理人对代理人的代理行为应承担的责任，既包括对代理人在执行代理任务的合法行为承担民事责任，也包括对代理人不当代理行为承担民事责任。

核心考点7　代理的种类（必考指数★★★）

种类	内容
委托代理	（1）在工程建设中涉及的代理主要是委托代理,如项目经理作为施工企业的代理人、总监理工程师作为监理单位的代理人等。 （2）如果授权范围不明确,则应当由被代理人(单位)向第三人承担民事责任,代理人负连带责任,但是代理人的连带责任是在被代理人无法承担责任的基础上承担的。如果考虑工程建设的实际情况,被代理人的承担民事责任的能力远远高于代理人,在这种情况下实际应当由被代理人承担民事责任。 （3）代理人知道或者应当知道代理事项违法仍然实施代理行为,或者被代理人知道或者应当知道代理人的代理行为违法未作反对表示的,被代理人和代理人应当承担连带责任。 （4）在委托人的授权范围内,招标代理机构从事的代理行为,其法律责任由发包人承担

种类	内容
法定代理	法定代理主要是为维护无行为能力或限制行为能力人的利益而设立的代理方式

重点提示：

（1）委托代理只有在被代理人对代理人进行授权后，这种委托代理关系才真正建立。

（2）关于委托代理概念的考核，多会给出一定情形，让考生分析判断其属于哪一类。

（3）关于责任及授权的考核，多会以"关于代理的说法，正确/错误的有（　）"的题型进行考核。

核心考点 8　无权代理（必考指数★★）

情况		效力
(1)没有代理权；(2)超越代理权限；(3)代理权终止	追认	无权代理→有权代理。即：<u>被代理人承担民事责任</u>
	未追认	对被代理人不发生效力
	经催告未表示	视为拒绝追认

重点提示：

若行使催告权，受"30 日"时限的限制。行为人实施的行为被追认前，善意相对人有撤销的权利。撤销应当以通知的方式作出。

例题：处理简单粗暴的"民法上'无权代理'主要包括（　）的代理行为"外，无权代理的考核形式更多时候为："关于××的说法，正确/错误的是"的形式进行考核。

核心考点 9　代理关系的终止（必考指数★）

类型	委托代理关系	法定代理关系
终止原因	<u>代理人</u>丧失民事行为能力	
	代理人或者被代理人死亡（<u>一方死亡</u>）	
	被代理人<u>取消</u>委托或代理人<u>辞去</u>委托	被代理人取得或者恢复完全民事行为能力
	代理期限届满或者代理事务完成	法律规定的其他
	作为代理人或者被代理人的法人、非法人组织终止	

核心考点 10　民事责任的概念和承担方式（必考指数★）

概念	类型	承担方式
民事责任,是指民事主体在民事活动中,因实施了民事违法行为,根据法律规定或者合同约定所承担的对其不利的民事法律后果	民事责任包括<u>合同责任与侵权责任</u>。 合同责任包括<u>违约责任与缔约过失责任</u>	(1)停止侵害; (2)排除妨碍; (3)消除危险; (4)返还财产; (5)恢复原状; (6)修理、重作、更换; (7)继续履行; (8)赔偿损失; (9)支付违约金; (10)消除影响、恢复名誉; (11)赔礼道歉

重点提示:

(1) 承担民事责任的方式,可以单独适用,也可以合并适用。

(2) 民事责任的助记口诀:

止侵、排碍、除危险;还钱、复原、管维修;影响、赔偿、复名誉;违约、履行、必道歉。

核心考点 11　民事责任的承担原则（必考指数★）

原则	要点
按份责任的承担	<u>二人以上依法承担按份责任</u>,能够确定责任大小的,<u>各自承担相应的责任</u>;难以确定责任大小的,<u>平均承担责任</u>【助记:内外一致】
连带责任的承担	<u>二人以上依法承担连带责任的</u>,权利人有权请求<u>部分</u>或者<u>全部连带责任人承担责任</u>【助记:对外】。 连带责任人的责任份额根据各自责任大小确定;难以确定责任大小的,平均承担责任【助记:对内】。 实际承担责任<u>超过</u>自己责任份额的连带责任人,<u>有权向其他连带责任人追偿</u>
不可抗力免除承担民事责任	因不可抗力不能履行民事义务的,不承担民事责任

核心考点 12　建设工程合同的违约责任（必考指数★）

责任类型	责任承担
施工合同中当事人的过错责任	发包人具有下列情形之一,造成建设工程质量缺陷,应当承担过错责任: (1)提供的设计有缺陷; (2)提供或者指定购买的建筑材料、建筑构配件、设备不符合强制性标准; (3)直接指定分包人分包专业工程
施工合同中未经竣工验收擅自使用的责任	建设工程未经竣工验收,发包人<u>擅自使用</u>后,又以使用部分质量不符合约定为由主张权利的,不予支持;但是承包人应当在建设工程的合理使用寿命内对<u>地基基础工程</u>和<u>主体结构</u>质量承担民事责任
施工合同中借用资质的连带赔偿责任	缺乏资质的单位或者个人借用有资质的建筑施工企业名义签订建设工程施工合同,发包人请求<u>出借方与借用方</u>对建设工程质量不合格等因出借资质造成的损失<u>承担连带赔偿责任</u>的,人民法院<u>应予支持</u>

第三节　合同担保

核心考点 1　担保方式（必考指数★★★）

担保方式	概念	提供担保或担保物的主体	担保物
保证	保证是指保证人和债权人约定,当债务人<u>不履行到期债务</u>或者发生当事人约定的情形时,保证人按照约定履行债务或者承担责任的行为	保证人	保证人的信用（人的担保）
抵押	抵押是指债务人或者第三人向债权人以<u>不转移占有</u>的方式提供一定的财产作为抵押物,用以担保债务履行的担保方式	债务人或第三人	抵押物

担保方式	概念	提供担保或担保物的主体	担保物
质押	质押是指债务人或者第三人将其<u>动产或权利移交</u>债权人占有,用以担保债权履行的担保	债务人或第三人	质押物(张三或王五移交给李四持有)
留置	留置是指债务人不履行到期债务时,债权人对已经<u>合法占有</u>的债务人的动产,可以留置不返还占有,并有权就该动产折价或以拍卖、变卖所得的价款优先受偿	债务人	留置物(因业务关系,张三的留置物留置在李四处)
定金	定金是指当事人双方为了保证债务的履行,约定由当事人一方先行支付给对方一定数额的货币作为担保	债务人	货币

重点提示:

注意抵押与质押的转移占有相区别。

担保方式助记:保底(抵)定金要留置;质押转移有限制。

核心考点 2 保证的法律关系主体和方式(必考指数★★★)

项目		内容
保证法律关系主体		保证法律关系至少必须有三方参加,即<u>保证人、被保证人(债务人)和债权人</u>
保证方式	一般保证	一般保证是指当事人在保证合同中约定,<u>债务人不能履行债务时,由保证人承担责任的保证</u>。一般保证的保证人在主合同纠纷未经审判或者仲裁,并就<u>债务人财产依法强制执行仍不能履行债务前</u>,有权拒绝向债权人承担保证责任
	连带责任保证	连带责任保证是指当事人在保证合同中约定保证人与债务人对债务承担连带责任的保证。连带责任保证的债务人不履行到期债务或者发生当事人约定的情形时,债务履行期届满没有履行债务的,债权人可以请求债务人履行债务,也可以要求保证人在其保证范围内承担保证责任

重点提示：

（1）在工程建设的过程中，保证是最为常用的一种担保方式。

（2）连带责任保证的实现。助记：要求上可张三、可李四。

核心考点 3　保证人的资格和保证合同的内容（必考指数★★★）

项目	内容
保证人的资格	（1）企业法人的分支机构、职能部门。企业法人的分支机构有法人书面授权的，可以在授权范围内提供保证。 （2）国家机关。经国务院批准为使用外国政府或者国际经济组织贷款进行转贷的除外。 （3）学校、幼儿园、医院等以公益为目的的事业单位、社会团体
保证合同的内容	保证合同应包括以下内容： （1）被保证的主债权种类、数额； （2）债务人履行债务的期限； （3）保证的方式； （4）保证担保的范围； （5）保证的期间； （6）双方认为需要约定的其他事项

核心考点 4　保证责任（必考指数★★）

项目	内容
范围	保证担保的范围包括<u>主债权及利息、违约金、损害赔偿金及实现债权的费用</u>。保证合同另有约定的，按照约定
期间	一般保证的保证人未约定保证期间的，保证期间为主债务履行期届满之日起<u>6个月</u>
转让	债权人未经保证人<u>书面同意</u>，允许债务人转移全部或者部分债务，保证人对未经其同意转移的债务不再承担保证责任

重点提示：

(1) 保证期间中，6 个月的干扰选项通常会设置为：3 个月、1 年、2 年进行独立的考核，也可以在届满前后做手脚。

(2) "保证人的书面同意"强调的是保证人继续承担保证责任是有前提条件的。

核心考点 5　抵押物（必考指数★★★）

可以作为抵押物的财产	不得抵押的财产
(1)建筑物和其他土地附着物； (2)建设用地使用权； (3)海域使用权 (4)生产设备、原材料、半成品、产品； (5)正在建造的建筑物、船舶、航空器； (6)交通运输工具； (7)法律、行政法规未禁止抵押的其他财产	(1)土地所有权； (2)宅基地、自留地、自留山等集体所有的土地使用权，但法律规定可以抵押的除外； (3)学校、幼儿园、医疗机构等以公益为目的成立的非营利法人的教育设施、医疗卫生设施和其他公益设施；【助记：对公共利益有影响】 (4)所有权、使用权不明或者有争议的财产；【助记：有争议】 (5)依法被查封、扣押、监管的财产；【有瑕疵】 (6)法律、行政法规规定不得抵押的其他财产【被禁止】

重点提示：

(1) 以建筑物抵押的，该建筑物占用范围内的建设用地使用权一并抵押。以建设用地使用权抵押的，该土地上的建筑物一并抵押。抵押人未一并抵押的，未抵押财产视为一并抵押。

(2) 当事人以建筑物和其他土地附着物，建设用地使用权，海域使用权，正在建造的建筑物抵押的，应当办理抵押登记。抵押权自登记时设立。

(3) 以动产抵押的，抵押权自抵押合同生效时设立；未经登记，不得对抗善意第三人。

核心考点 6　抵押的效力及抵押权的实现（必考指数★★★）

项目	内容
抵押的效力	（1）抵押担保的范围包括主债权及利息、违约金、损害赔偿金和实现抵押权的费用。 （2）抵押期间,抵押人经抵押权人同意转让抵押财产的,应当将转让所得的价款向抵押权人提前清偿债务或者提存。转让的价款超过债权数额的部分归抵押人所有,不足部分由债务人清偿。 （3）抵押权不得与债权分离而单独转让或者作为其他债权的担保
抵押权的实现	同一财产向两个以上债权人抵押的,拍卖、变卖抵押财产所得的价款依照下列规定清偿: （1）抵押权已经登记的,按照登记的时间先后确定清偿顺序; （2）抵押权已经登记的先于未登记的受偿; （3）抵押权未登记的,按照债权比例清偿

核心考点 7　质押（必考指数★★）

动产质押	权利质押
（1）动产质押是指债务人或者第三人将其动产移交债权人占有,将该动产作为债权的担保。 （2）质权人在债务履行期届满前,与出质人约定债务人不履行到期债务时质押财产归债权人所有的,只能依法就质押财产优先受偿。 （3）质权自出质人交付质押财产时设立	可以出质的权利包括: （1）汇票、支票、本票; （2）债券、存款单; （3）仓单、提单; （4）可以转让的基金份额、股权; （5）可以转让的注册商标专用权、专利权、著作权等知识产权中的财产权; （6）应收账款; （7）法律、行政法规规定可以出质的其他财产权利

核心考点8 定金（必考指数★★★）

数额	生效	罚则
定金的数额由当事人约定,但不得超过主合同标的额的20%	定金合同从实际交付定金之日生效	债务人履行债务的,定金应当抵作价款或者收回。给付定金的一方不履行约定债务的,无权要求返还定金;收受定金的一方不履行约定债务的,应当双倍返还定金

核心考点9 保证在建设工程中的应用（必考指数★★★）

方式	内容
施工投标保证	(1)投标保证金是指在招标投标活动中,投标人随投标文件一同递交给招标人的一定形式、一定金额的投标责任担保。 (2)投标保证金除现金外,可以是银行出具的银行保函、保兑支票、银行汇票或现金支票。 (3)数额不得超过招标项目估算价的2%。 (4)投标保证金有效期应当与投标有效期一致,投标有效期从提交投标文件的截止之日起算。 (5)投标保函或者保证书在评标结束之后应退还给承包商的情况下,招标人最迟应当在书面合同签订后5日内向中标人和未中标的投标人退还投标保证金及银行同期存款利息。 (6)下列任何情况发生时,投标保证金将被没收: ①投标人在投标函格式中规定的投标有效期内撤回其投标; ②中标人在规定期限内无正当理由未能根据规定签订合同,或根据规定接受对错误的修正; ③中标人根据规定未能提交履约保证金; ④投标人采用不正当的手段骗取中标

方式	内容
施工合同的履约保证	履约保证的形式有<u>履约担保金</u>（又叫履约保证金）、<u>履约银行保函</u>和<u>履约担保书</u>三种。履约担保金可用<u>保兑支票</u>、<u>银行汇票或现金支票</u>，一般情况下额度为合同价格的 <u>10%</u>；履约银行保函是中标人从银行开具的保函，额度是合同价格的 <u>10%</u>；履约担保书是由保险公司、信托公司、证券公司、实体公司或社会上担保公司出具担保书，担保额度是合同价格的 <u>30%</u>。 　　若发生下列情况，发包人有权凭履约保证向银行或者担保公司索取保证金作为赔偿： 　　(1)施工过程中，承包人中途毁约，或任意中断工程，或不按规定施工； 　　(2)承包人破产，倒闭
施工预付款担保	预付款担保的主要形式为银行保函，其主要作用是保证承包人能够按合同规定进行施工，偿还发包人已支付的全部预付金额

重点提示：

投标保证金将被没收的四种情形的助记：

有效期内撤回投标；中标人无正当理由未签订合同；中标人未提交履约保证金；骗取中标。

第四节　工程保险

核心考点 1　保险与保险合同（必考指数★）

项目	内容
保险	保险制度上的危险是一种损失发生的不确定性，其表现为： 　　(1)发生与否的不确定性； 　　(2)发生时间的不确定性； 　　(3)发生后果的不确定性

项目	内容
保险合同的概念	保险合同是指投保人与保险人约定保险权利义务关系的协议。投保人是指与保险人订立保险合同,并按照保险合同负有支付保险费义务的人。保险人是指与投保人订立保险合同,并承担赔偿或者给付保险金责任的保险公司
保险合同的分类	(1)财产保险合同; (2)人身保险合同

核心考点 2　建筑工程一切险的概述与被保险人（必考指数★）

项目	内容
概述	建筑工程一切险往往还加保第三者责任险。第三者责任险是指凡工程期间的保险有效期内,因工地上发生意外事故造成工地及邻近地区的第三者人身伤亡或财产损失,依法应由被保险人承担的经济赔偿责任
被保险人	被保险人具体包括: (1)业主或工程所有人; (2)承包商或者分包商; (3)技术顾问,包括业主聘用的建筑师、工程师及其他专业顾问

核心考点 3　建筑工程一切险及安装工程一切险的责任范围及除外责任（必考指数★★★）

项目	建筑工程一切险	安装工程一切险
责任范围	(1)自然灾害指地震、海啸、雷电、飓风、台风、龙卷风、风暴、暴雨、洪水、水灾、冻灾、冰雹、地崩、山崩、雪崩、火山爆发、地面下陷下沉及其他人力不可抗拒的破坏力强大的自然现象。 　　(2)意外事故包括:<u>火灾和爆炸</u>	

项目	建筑工程一切险	安装工程一切险
除外责任	(1)设计错误引起的损失和费用。 (2)自然磨损、内在或潜在缺陷、物质本身变化、自燃、自热、氧化、锈蚀、渗漏、鼠咬、虫蛀、大气(气候或气温)变化、正常水位变化或其他渐变原因造成的保险财产自身的损失和费用。 (3)因原材料缺陷或工艺不善引起的保险财产本身的损失以及为换置、修理或矫正这些缺点错误所支付的费用。 (4)非外力引起的机械或电气装置的本身损失,或施工用机具、设备、机械装置失灵造成的本身损失。 (5)维修保养或正常检修的费用。 (6)档案、文件、账簿、票据、现金、各种有价证券、图表资料及包装物料的损失。 (7)盘点时发现的短缺。 (8)领有公共运输行驶执照的,或已由其他保险予以保障的车辆、船舶和飞机的损失。 (9)除非另有约定,在保险工程开始以前已经存在或形成的位于工地范围内或其周围的属于被保险人的财产的损失。 (10)除非另有约定,在本保险单保险期限终止以前,保险财产中已由工程所有人签发完工验收证书或验收合格或实际占有或使用或接受的部分	除建筑工程一切险第(2)、(5)、(6)、(7)、(8)、(9)、(10)项以外还包括: (1)因设计错误、铸造或原材料缺陷或工艺不善引起的保险财产本身的损失以及为换置、修理或矫正这些缺点错误所支付的费用。 (2)由于超负荷、超电压、碰线、电弧、漏电、短路、大气放电及其他电气原因造成电气设备或电气用具本身的损失。 (3)施工用机具、设备、机械装置失灵造成的本身损失

核心考点 4　第三者责任险与建筑工程一切险的保险期限（必考指数★★）

项目	内容
第三者责任险	建筑工程一切险如果加保第三者责任险,则保险人对下列原因造成的损失和费用,负责赔偿: (1)在保险期限内,因发生与所保工程直接相关的意外事故引起工地内及邻近区域的第三者人身伤亡、疾病或财产损失; (2)被保险人因上述原因而支付的诉讼费用以及事先经保险人书面同意而支付的其他费用
建筑工程一切险的保险期限	自保险工程在工地动工或用于保险工程的材料、设备运抵工地之时起始,至工程所有人对部分或全部工程签发完工验收证书或验收合格,或工程所有人实际占用或使用或接受该部分或全部工程之时终止,以先发生者为准

核心考点 5　施工企业职工意外伤害险（必考指数★）

项目	内容
概述	《建筑法》规定,鼓励建筑施工企业为从事危险作业的职工办理意外伤害保险,支付保险费。 凡年满 16 周岁(含 16 周岁,下同)至 65 周岁、能够正常工作或劳动、从事建筑管理或作业、并与施工企业建立劳动关系的人员均可作为被保险人
责任范围	团体意外伤害保险合同的保险责任一般包括身故保险责任和伤残保险责任
责任免除	因下列原因造成被保险人身故、残疾的,保险人不承担给付保险金责任: (1)投保人的故意行为; (2)被保险人自致伤害或自杀,但被保险人自杀时为无民事行为能力人的除外; (3)因被保险人挑衅或故意行为而导致的打斗、被袭击或被谋杀; (4)被保险人妊娠、流产、分娩、疾病、药物过敏; (5)被保险人接受整容手术及其他内、外科手术导致的医疗事故; (6)被保险人未遵医嘱,私自服用、涂用、注射药物; (7)被保险人因遭受意外伤害以外的原因失踪而被法院宣告死亡者;

项目	内容
责任免除	(8)任何生物、化学、原子能武器,原子能或核能装置所造成的爆炸、灼伤、污染或辐射; (9)恐怖袭击。 被保险人在下列期间遭受意外伤害导致身故、残疾的,保险人也不承担给付保险金责任: (1)战争、军事行动、暴动或武装叛乱等其他类似情况期间; (2)被保险人从事非法、犯罪活动期间; (3)被保险人醉酒或受毒品、管制药物的影响期间; (4)被保险人酒后驾驶、无有效驾驶证驾驶或驾驶无有效行驶证的机动车或无有效资质操作施工设备期间
保险期间	(1)提前竣工的,保险责任自行终止。 (2)工程因故延长工期或停工,需书面通知保险人并办理保险期间顺延手续。 (3)工程停工期间,保险责任中止,保险人不承担保险责任

第二章　建设工程勘察设计招标

第一节　工程勘察设计招标特征及方式

核心考点1　工程勘察设计招标特征（必考指数★）

方面	特征
招标标的物特征	勘察设计是工程建设项目前期最为重要的工作内容,设计阶段是决定建设项目性能,优化和控制工程质量及工程造价最关键、最有利的阶段,设计成果将对工程建设和项目交付使用后的综合效益起重要作用
招标工作性质	勘察设计招标是专业服务性质的招标,常常只有数量有限的单位满足要求;工程设计从前期准备到后续服务跨越的周期长,不易在短期内准确地量化评判
招标条件	要依赖投标单位专业设计人员发挥技术专长和创造力,提供智力成果;且无具体量化的工作量,灵活性较大
招标阶段划分	与施工和材料设备招标不同,工程建设项目的设计可以按设计工作深度的不同,分期进行招标
投标书编制要求	设计投标首先提出设计构思和初步方案,并论述该方案的优点和实施计划,在此基础上进一步提出报价
开标形式	设计招标在开标时由各投标人自己说明投标方案的基本构思和意图,以及其他实质性内容,而不是由招标单位的主持人宣读投标书并按报价高低排定标价次序
评标原则	评标专家更加注重所提供设计的技术先进性、所达到的技术指标、方案的合理性,以及对工程项目投资效果的影响等方面的因素
投标经济补偿	根据具体情况,确定投标经济补偿费标准和奖励办法,对未能中标的有效投标人给予费用补偿、对选为优秀设计方案的投标人给予奖励
知识产权保护	设计招标人如果要采用未中标人投标文件中的技术方案,应保护其知识产权,征得未中标人的书面同意并给予合理的使用费

核心考点2　公开招标和邀请招标（必考指数★★）

方式		内容
公开招标	优点	能体现出公开、公平、公正的招标原则,<u>有利于实现充分竞争</u>
	缺点	招标人事先难以预计有哪些投标人、投标人的数量有多少;招标人可能不熟悉某些投标人的情况;招标人所期待的投标人可能并未参加投标等
邀请招标	概念	邀请招标是招标人以投标邀请书的方式,邀请<u>3个以上</u>具有相应资质、具备承担招标项目勘察设计能力的、资信良好的特定法人或组织投标
	优点	招标人对所有发出投标邀请书的投标单位的信用和能力均予信任;投标人及投标人的数量事先可以确定;<u>缩短了招投标周期</u>;评标工作量小
	缺点	由于邀请参加投标的单位数量有限,一些符合条件的潜在竞争者可能未能在邀请之列,而漏掉更具优势的单位;不能充分体现公开竞争、机会均等的原则
	适用	国有资金占控股或者主导地位的依法必须进行招标的项目,应当公开招标;但有下列情形之一的,可以邀请招标: (1)技术复杂、有特殊要求或者受自然环境限制,只有<u>少量</u>潜在投标人可供<u>选择</u>; (2)采用公开招标方式的<u>费用</u>占项目合同金额的<u>比例过大</u>

重点提示:

可以邀请招标的情形助记:

(1) 特、技复杂、产量少;

(2) 公费比例过大。

核心考点3　可以不招标的情形（必考指数★）

　　根据《工程建设项目勘察设计招标投标办法》,按照国家规定需要履行项目审批、核准手续的依法必须进行招标的项目,有下列情形之一的,经项目审批、核准,部门审批、核准,项目的勘察设计可以不进行招标：

（1）涉及国家安全、国家秘密、抢险救灾或者属于利用扶贫资金实行以工代赈、需要使用农民工等特殊情况，不适宜进行招标；

（2）主要工艺、技术采用不可替代的专利或者专有技术，或者其建筑艺术造型有特殊要求；

（3）采购人依法能够自行勘察、设计；

（4）已通过招标方式选定的特许经营项目投资人依法能够自行勘察、设计；

（5）技术复杂或专业性强，能够满足条件的勘察设计单位少于3家，不能形成有效竞争；

（6）已建成项目需要改、扩建或者技术改造，由其他单位进行设计影响项目功能配套性；

（7）国家规定其他特殊情形。

第二节　工程勘察设计招标主要工作内容

核心考点 1　工程勘察设计招标应具备的条件及招标公告和投标邀请书的内容（必考指数★）

工程勘察设计招标应具备的条件	招标公告和投标邀请书的内容
（1）招标人已经依法成立。 （2）按照国家有关规定需要履行项目审批、核准或备案手续的，已经审批、核准或备案。 （3）勘察设计有相应资金或者资金来源已经落实。 （4）所必需的勘察设计基础资料已经收集完成。 （5）法律法规规定的其他条件	《标准勘察招标文件》和《标准设计招标文件》，勘察和设计招标项目在招标公告或投标邀请书中应列明的内容包括：招标条件；项目概况与招标范围；投标人资格要求；技术成果经济补偿；招标文件的获取；投标文件的递交；联系方式；时间

核心考点 2　招标文件对投标人的资格要求（必考指数★）

项目	内容
对投标人资质条件、能力和信誉的要求	资质要求、财务要求、业绩要求、信誉要求、项目负责人的资格要求、其他主要人员要求、其他要求

项目	内容
具体提供的资格审查资料	投标人基本情况表、近年财务状况表、近年完成的类似勘察设计项目情况表、正在勘察设计和新承接的项目情况表、近年发生的诉讼及仲裁情况、拟委任的主要人员汇总表、拟投入本项目的主要勘察设备表

核心考点 3　勘察、设计单位资质类别（必考指数★★）

项目	分类	资质等级	可以承接的工程范围
勘察资质类别	工程勘察<u>综合</u>资质	只设<u>甲级</u>	可以承接各专业(海洋工程勘察除外)、各等级工程勘察业务
	工程勘察<u>专业</u>资质	设<u>甲级</u>、<u>乙级</u>,根据工程性质和技术特点,部分专业可以设<u>丙级</u>	可以承接相应等级相应专业的工程勘察业务
	工程勘察<u>劳务</u>资质	不分等级	可承接岩土工程治理、工程钻探、凿井等工程勘察劳务业务
设计资质类别	工程设计<u>综合</u>资质	只设<u>甲级</u>	可以承接各行业、各等级的建设工程设计业务
	工程设计行业资质	设<u>甲级</u>、<u>乙级</u>,个别行业资质可以设<u>丙级</u>	可以承接相应行业相应等级的工程设计业务及本行业范围内同级别的相应专业、专项(设计施工一体化资质除外)工程设计业务
	工程设计专业资质	设<u>甲级</u>、<u>乙级</u>,个别专业资质可以设<u>丙级</u>	可以承接本专业相应等级的专业工程设计业务及同级别的相应专项工程设计业务(设计施工一体化资质除外)
	工程设计专项资质	设<u>甲级</u>、<u>乙级</u>,个别专项资质可以设<u>丙级</u>	可以承接本专项相应等级的专项工程设计业务

核心考点 4 勘察设计招标文件的内容及要求（必考指数★）

勘察设计招标文件的内容	发包人要求
（1）招标公告或投标邀请书。 （2）投标人须知。 （3）评标办法。 （4）合同条款及格式。 （5）发包人要求。 （6）投标文件格式。 （7）投标人须知前附表规定的其他资料	发包人要求通常包括但不限于以下内容： （1）勘察或设计要求； （2）适用规范标准； （3）成果文件要求； （4）发包人财产清单； （5）发包人提供的便利条件； （6）勘察人或设计人需要自备的工作条件； （7）发包人的其他要求

核心考点 5 工程勘察设计范围要求（必考指数★）

项目	工程勘察	工程设计
工程范围	指所勘察工程的建设内容	指所设计工程的建设内容
阶段范围	包括工程建设程序中的可行性研究勘察、初步勘察、详细勘察、施工勘察等阶段中的一个或多个阶段	包括工程建设程序中的方案设计、初步设计、扩大初步（招标）设计、施工图设计等阶段中的一个或多个阶段
工作范围	包括工程测量、岩土工程勘察、岩土工程设计（如有）、提供技术交底、施工配合、参加试车（试运行）、竣工验收和发包人委托的其他服务中的一项或多项工作	包括编制设计文件、编制设计概算、预算、提供技术交底、施工配合、参加试车（试运行）、编制竣工图、竣工验收和发包人委托的其他服务中的一项或多项工作

核心考点 6 提出对投标文件的要求（必考指数★）

工程勘察、设计投标 文件应包括的内容	勘察纲要或设计方案 应包括的内容
（1）投标函及投标函附录。 （2）法定代表人身份证明或授权委托书。 （3）联合体协议书。 （4）投标保证金。 （5）勘察或设计费用清单。 （6）资格审查资料。 （7）勘察纲要或设计方案。 （8）投标人须知前附表规定的其他资料	（1）勘察设计工程概况。 （2）勘察设计范围及内容。 （3）勘察设计依据及工作目标。 （4）勘察设计机构设置及岗位职责。 （5）勘察设计说明，勘察、设计方案。 （6）拟投入的勘察设计人员。 （7）勘察设备（适用于勘察投标）。 （8）勘察设计质量、进度、保密等保证措施。 （9）勘察设计安全保证措施。 （10）勘察设计工作重点和难点分析。 （11）对本工程勘察设计的合理化建议等

核心考点7　联合体和分包的规定（必考指数★★）

项目	内容
联合体	联合体形式投标,联合体各方应按招标文件提供的格式签订<u>联合体协议书</u>,明确联合体<u>牵头人</u>和各方<u>权利义务</u>,并承诺就中标项目向招标人承担<u>连带责任</u>;由同一专业的单位组成的联合体,按照资质<u>等级较低</u>的单位确定资质等级;联合体各方<u>不得再以自己的名义</u>单独或参加其他联合体在本招标项目中投标,否则相关投标均无效
分包	除投标文件中规定的<u>非主体</u>、<u>非关键性</u>设计工作外,其他工作<u>不得分包</u>,中标人应当就分包项目向<u>招标人</u>负责,接受分包的人就<u>分包项目承担连带责任</u>

核心考点8　投标保证金的规定（必考指数★★★）

项目	内容
提交	(1)投标人在<u>递交投标文件</u>的同时,应按<u>投标人须知前附表</u>规定的金额、形式和规定的投标保证金格式递交投标保证金,并作为其投标文件的组成部分。 (2)境内投标人以现金或者支票形式提交的投标保证金,应当从其基本账户转出并在投标文件中附上基本账户开户证明。 (3)联合体投标的,其投标保证金可以由<u>牵头人</u>递交,并应符合投标人须知前附表的规定
退还	(1)招标人最迟将在于中标人签订合同后 <u>5 日</u>内向未中标的投标人和中标人退还投标保证金。 (2)投标保证金以现金或者支票形式递交的,还应退还银行同期存款利息
不予退还	(1)投标人在投标有效期内<u>撤销投标文件</u>。 (2)中标人在收到中标通知书后,<u>无正当理由</u>不与招标人订立合同;在签订合同时向招标人提出附加条件,或者不按照招标文件要求提交履约保证金。 (3)发生投标人须知前附表规定的其他可以不予退还投标保证金的情形
数额	《招标投标法实施条例》规定,招标文件要求投标人提交投标保证金的,保证金数额一般不超过勘察设计估算费用的 <u>2%</u>,最多不超过 <u>10 万元</u>人民币

核心考点 9　招标文件的澄清（必考指数★★）

项目	内容
提出问题	投标人对招标文件的内容如有疑问,应按投标人须知前附表规定的时间和形式将提出的问题送达招标人
澄清	招标人对招标文件的澄清应发给所有购买招标文件的投标人,但不指明澄清问题的来源,澄清发出的时间距投标截止时间不足 15 日的,并且澄清内容可能影响投标文件编制的,将相应延长投标截止时间
异议的提出	投标人或者其他利害关系人对招标文件有异议的,应当在投标截止时间 10 日前,以书面形式提出
异议的答复	招标人将在收到异议之日起 3 日内作出答复;作出答复前,将暂停招标投标活动

第三节　工程勘察设计开标和评标

核心考点 1　工程勘察、设计开标评标的主要环节（必考指数★）

工程勘察、设计开标评标的主要环节:接收投标文件→当众开标→组建评标委员会→组织评标→确定中标人→发出中标通知书→订立合同。

核心考点 2　工程勘察设计的开标（必考指数★）

项目	内容
时间	工程勘察、设计招标的开标应当在招标文件确定的提交投标文件截止时间的同一时间公开进行
主持人	开标由招标人主持并邀请所有投标人参加
程序	开标时应首先检查投标文件的密封情况,再按照规定的开标顺序当众开标,公布招标项目名称、投标人名称、投标保证金的递交情况、投标报价、项目负责人、勘察设计服务期限及其他内容;如采用电子招投标,则投标人通过电子招标投标交易平台对已递交的电子投标文件进行解密,公布上述内容,并记录在案
异议	投标人对开标有异议的,应当在开标现场提出,招标人应当场作出答复,并制作记录

核心考点3　工程勘察设计评标委员会的组成（必考指数★）

项目	内容
组成人员	工程勘察、设计评标由评标委员会负责，评标委员会由<u>招标人代表和有关专家</u>组成
组成人数	评标委员会人数为<u>5人以上单数</u>，其中<u>技术和经济方</u>面的专家不得少于成员总数的<u>2/3</u>。建筑工程设计方案评标时，<u>建筑专业专家</u>不得少于技术和经济方面专家总数的<u>2/3</u>

重点提示：
组成人数助记：5人单数把会开，技术经济三之二。

核心考点4　工程勘察设计评标程序及方法（必考指数★）

项目		评审因素和评审标准
初步评审	形式评审	审查投标人名称是否与营业执照、资质证书一致；投标函及投标函附录是否有法人代表或其委托代理人的签字或加盖单位章；投标文件格式是否符合规定；联合体投标人是否提交了符合招标文件要求的联合体协议书，明确了联合体牵头人和各方承担的连带责任；是否遵守了除招标文件明确允许提交备选投标方案外，投标人不得提交备选投标方案的规定
	资格评审	审查投标人营业执照和组织机构代码证；<u>资质要求</u>；<u>财务要求</u>；<u>业绩要求</u>；<u>信誉要求</u>；<u>项目负责人</u>；其他主要人员；其他要求；<u>联合体投标人</u>；不存在禁止投标的情形等各项内容是否符合投标人须知的规定
	响应性评审	审查投标报价；投标内容；<u>勘察或设计服务期限</u>；<u>质量标准</u>；投标有效期；<u>投标保证金</u>；权利义务等是否符合投标人须知的规定；勘察纲要或设计方案是否符合发包人要求中的实质性要求和条件
详细评审		分值构成（总分100分）包括：资信业绩；勘察纲要或设计方案；投标报价；其他因素

核心考点 5　投标的否决（必考指数★）

项目	内容
评标委员会应当否决其投标的七种情形	（1）投标文件未按招标文件要求经投标人盖章和单位负责人签字。 （2）投标联合体没有提交共同投标协议。 （3）投标人不符合国家或者招标文件规定的资格条件。 （4）同一投标人提交两个以上不同的投标文件或者投标报价，但招标文件要求提交备选投标的除外。 （5）投标文件没有对招标文件的实质性要求和条件作出响应。 （6）投标人有串通投标、弄虚作假、行贿等违法行为。 （7）法律法规规定的其他应当否决投标的情形
说明或证明	评标委员会发现投标人的报价<u>明显低于其他投标报价</u>，使得其投标报价可能低于其个别成本的，应当要求该投标人作出书面说明并提供相应的证明材料，投标人不能合理说明或者不能提供相应证明材料的，评标委员会应当认定该投标人以低于成本报价竞标，并否决其投标

重点提示：
评标委员会应当否决其投标的七种情形的助记：四无二有
（1）无签章、无协议、无资格、无实质响应。
（2）有多余文件、有虚假。

核心考点 6　确定中标人及签订合同（必考指数★）

项目	内容
确定中标人	（1）招标人应当确定排名第一的中标候选人为中标人。排名第一的中标候选人<u>放弃中标</u>、<u>因不可抗力</u>提出不能履行合同、<u>不按照招标文件要求提交履约保证金</u>，或者被查实<u>存在</u>影响中标结果的<u>违法行为</u>等情形，不符合中标条件的，招标人可以按照评标委员会提出的中标候选人名单排序依次确定其他中标候选人为中标人。 （2）招标人应在收到评标委员会的评标报告之日起 <u>3 日</u>内，按照投标人须知前附表规定的公示媒介和期限公示中标候选人，公示期不得少于 <u>3 日</u>
签订合同	<u>招标人和中标人</u>应当在中标通知书发出之日起 <u>30 日</u>内订立书面合同

第三章　建设工程施工招标及工程总承包招标

第一节　工程施工招标方式和程序

核心考点 1　工程施工招标方式（必考指数★）

方式	优点	缺点
公开招标	投标竞争激烈，有利于将工程项目的建设交予可靠的中标人实施并取得有竞争性的报价	评标的工作量较大，所需招标时间长，费用高
邀请招标	不需要发布招标公告和设置资格预审程序，节约费用和节省时间；由于对投标人以往的业绩和履约能力比较了解，减少了合同履行过程中承包方违约的风险	范围较小选择面窄，投标竞争的激烈程度相对较小

核心考点 2　标准施工招标文件组成及适用范围（必考指数★★）

招标文件	组成适用
《标准施工招标文件》	包括封面格式和四卷八章内容，其中，第一卷包括第一章至第五章，涉及招标公告(投标邀请书)、投标人须知、评标办法、合同条款及格式、工程量清单等内容；第二卷由第六章图纸组成；第三卷由第七章技术标准和要求组成；第四卷由第八章投标文件格式组成
《简明标准施工招标文件》	共分招标公告(或投标邀请书)、投标人须知、评标办法、合同条款及格式、工程量清单、图纸、技术标准和要求、投标文件格式八章。适用于依法必须进行招标的工程建设项目，工期不超过 12 个月、技术相对简单且设计和施工不是由同一承包人承担的小型项目

核心考点 3　工程施工招标程序（必考指数★）

工程施工招标程序：施工招标准备→组织资格审查→发售招标文件→组织现场踏勘→投标预备会→开标与评标→合同签订。

核心考点 4　工程施工招标准备（必考指数★）

项目	内容
成立招标机构	招标人如具有与招标项目规模和复杂程度相适应的技术、经济等方面的专业人员，具有编制招标文件和组织评标的能力的，可自行组织招标

项目	内容
招标备案	<u>招标人</u>向建设行政主管部门办理申请招标手续
编制招标文件	施工招标文件包括下列内容： (1)招标公告或投标邀请书； (2)投标人须知； (3)评标办法； (4)合同条款及格式； (5)工程量清单； (6)图纸； (7)技术标准和要求； (8)投标文件格式； (9)投标人须知前附表规定的其他材料。 此外，招标人对招标文件的<u>澄清、修改</u>，也构成招标文件的组成部分
编制工程量清单	<u>工程量清单</u>是载明建设工程分部分项工程项目、措施项目、其他项目的名称和相应数量以及规费、税金项目等内容的明细清单
编制标底	标底是由<u>招标人</u>组织专门人员为准备招标的工程计算出的一个合理的基本价格。它<u>不等于工程的概(预)算，也不等于合同价格</u>
招标公告	内容包括：招标条件、项目概况与招标范围、投标人资格要求、招标文件的获取、投标文件的递交、发布公告的媒介和联系方式等
投标邀请书	内容包括：招标条件、项目概况与招标范围、投标人资格要求、招标文件的获取、投标文件的递交、确认和联系方式等

核心考点 5　组织资格审查（必考指数★）

程序	内容
编制资格预审文件	根据招标项目的特点和需要编制资格预审文件
发布资格预审公告	对于依法必须进行招标的项目的资格预审公告，应当在国务院发展改革部门依法指定的媒介发布
发售资格预审文件	给潜在投标人准备资格预审文件的时间应不少于 <u>5 日</u>。发售资格预审文件收取的费用，相当于补偿印刷、邮寄的成本支出，<u>不得以营利为目的</u>

59

程序	内容
资格预审文件的澄清、修改	澄清或者修改的内容可能影响资格预审申请文件编制的,招标人应当在提交资格预审申请文件截止时间至少 <u>3 日</u>前,以<u>书面形式通知所有获取资格预审文件的潜在投标人</u>
组建资格审查委员会	资格审查委员会有招标人(招标代理机构)熟悉相关业务的代表和不少于成员总数 <u>2/3</u> 的技术、经济等专家组成,成员人数为 <u>5 人</u>以上单数
潜在投标人递交资格预审申请文件	按照规定的时间、地点、方式递交
资格预审审查报告	资格审查报告一般包括的内容:基本情况和数据表;资格审查委员会名单;澄清、说明、补正事项纪要等;评分比较一览表的排序;其他需要说明的问题
确认通过资格预审的申请人	招标人应要求通过资格预审的申请人收到通知后,以书面方式确认是否参加投标

核心考点 6　发售招标文件及组织现场踏勘(必考指数★)

项目	内容
发售招标文件	招标人按照招标公告(未进行资格预审)或投标邀请书(邀请招标)的时间、地点发售招标文件
组织现场踏勘	(1)<u>投标人</u>承担自己踏勘现场发生的费用。 (2)除招标人的原因外,<u>投标人自行负责</u>在踏勘现场中所发生的人员伤亡和财产损失。 (3)踏勘现场后涉及对招标文件进行澄清修改的,招标人应当在招标文件要求提交投标文件的截止时间至少 <u>15 日</u>前以书面形式通知所有招标文件收受人。考虑到在踏勘现场后投标人有可能对招标文件部分条款进行质疑,组织投标人踏勘现场的时间一般应在投标截止时间 <u>15 日</u>前及投标预备会召开前进行

核心考点7 开标程序 (必考指数★)

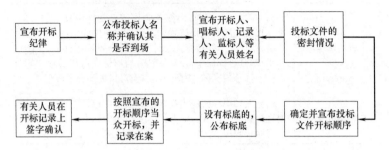

核心考点8 组建评标委员会 (必考指数★★★)

项目	内容
评标委员会	(1)评标委员会成员名单在<u>中标结果确定前</u>应当保密。评标委员会成员人数为<u>5人</u>以上单数,其中<u>技术</u>、<u>经济</u>等方面的专家不得少于成员总数的 <u>2/3</u>。 (2)技术复杂、专业性强或者国家有特殊要求的招标项目,采取随机抽取方式确定的专家难以保证胜任的,可以由<u>招标人</u>直接确定
评标专家应满足的条件	评标专家应从事相关专业领域工作满<u>八年</u>并具有<u>高级职称</u>或者同等专业水平,并且熟悉有关招标投标的法律法规,具有与招标项目相关的实践经验,能够认真、公正、诚实、廉洁地履行职责
应当回避的情形	(1)投标人或者投标人主要负责人的<u>近亲属</u>。 (2)项目主管部门或者行政监督部门的人员。 (3)与投标人有经济利益关系,可能影响对投标公正评审的。 (4)曾因在招标、评标以及其他与招标投标有关活动中从事违法行为而受过行政处罚或刑事处罚的

核心考点9 合同签订 (必考指数★)

项目	内容
确定中标人	招标人可以授权评标委员会<u>直接确定中标人</u>,也可以<u>依据评标委员会推荐的中标候选人确定中标人</u>

项目	内容
履约担保	(1)在签订合同前,中标人应按招标文件中规定的金额、担保形式和履约担保格式向招标人提交履约担保。 (2)中标人不能按招标文件要求提交履约担保的,视为放弃中标,其投标保证金不予退还,给招标人造成的损失超过投标保证金数额的,中标人还应当对超过部分予以赔偿
合同订立	招标人和中标人应当在投标有效期内以及中标通知书发出之日起 30 日之内,根据招标文件和中标人的投标文件订立书面合同

核心考点 10 重新招标和不再招标 (必考指数★)

项目	内容
重新招标	有下列情形之一的,招标人在分析招标失败的原因并采取相应措施后,应当依法重新招标: (1)投标截止时间止,投标人少于 3 个的; (2)经评标委员会评审后否决所有投标的
不再招标	重新招标后投标人仍少于 3 个或者所有投标被否决的,属于必须审批或核准的工程建设项目,经原审批或核准部门批准后不再进行招标

第二节 投标人资格审查

核心考点 1 标准资格预审文件的组成 (必考指数★)

组成		内容
资格预审公告		包括招标条件、项目概况与招标范围、申请人资格要求、资格预审方法、资格预审文件的获取、资格预审申请文件的递交、发布公告的媒介和联系方式等公告内容
申请人须知		包括申请人须知前附表和正文
资格审查方法	资格预审	资格预审和资格后审不同时使用,两者审查的时间是不同的,审查的内容是一致的。 一般情况下,资格预审比较适合于具有单件性特点,且技术难度较大或投标文件编制费用较高,或潜在投标人数量较多的招标项目;资格后审适合于潜在投标人数量不多的通用性、标准化项目
	资格后审	

组成	内容
资格审查办法	资格审查分为合格制和有限数量制两种审查办法
资格预审申请文件	资格预审申请文件的内容包括法定代表人身份证明或授权委托书、联合体协议书、申请人基本情况表、<u>近年财务状况</u>、<u>近年完成的类似项目情况表</u>、正在施工的和新承接的项目情况表、近年发生的诉讼及仲裁情况、其他资料八个方面的内容要求

核心考点 2　合格制的审查标准与程序（必考指数★）

办法	审查标准	审查程序
初步审查	初步审查的因素一般包括：申请人的名称；申请函的签字盖章；申请文件的格式；联合体申请人；资格预审申请文件的证明材料以及其他审查因素等	审查委员会依据资格预审文件规定的初步审查标准，对资格预审申请文件进行初步审查。只要有一项因素不符合审查标准的，就不能通过资格预审
详细审查	主要是核对审查因素是否有效，或者是否与资格预审文件列明的对申请人的要求相一致	通过资格预审的申请人除应满足资格预审文件的初步审查标准和详细审查标准外，还不得存在下列任何一种情形：不按审查委员会要求提供澄清或说明；为项目前期准备提供设计或咨询服务（设计施工总承包除外）；为招标人不具备独立法人资格的附属机构或为本项目提供招标代理；为本项目的监理人、代建人等情形；以及最近三年内有骗取中标或严重违约或重大工程质量问题；在资格预审过程中弄虚作假、行贿或有其他违法违规行为等

核心考点 3　有限数量制（必考指数★）

项目	内容
审查方法	审查委员会依据资格预审文件中审查办法(有限数量制度)规定的审查标准和程序，对通过初步审查和详细审查的<u>资格预审申请文件进行量化打分</u>，按得分<u>由高到低</u>的顺序确定通过资格预审的申请人

项目	内容
评分标准	评分因素一般包括财务状况、申请人的类似项目业绩、信誉、认证体系、项目经理的业绩以及其他一些相关因素

第三节　施工评标办法

核心考点 1　最低评标价法的评审比较原则及基本步骤(必考指数★★)

项目	内容
评审比较的原则	(1)最低评标价法是以<u>投标报价</u>为基数,考量其他因素形成评审价格,对投标文件进行评价的一种评标方法。 (2)评标委员会对满足招标文件实质要求的投标文件,根据详细评审标准规定的<u>量化因素及量化标准进行价格折算</u>,按照经评审的投标价由低到高的顺序推荐中标候选人,或根据招标人授权直接确定中标人,但投标报价低于其成本的除外
最低评标价法的基本步骤	首先按照初步评审标准对投标文件进行初步评审,然后依据详细评审标准对通过初步审查的投标文件进行价格折算,确定其评审价格,再按照由低到高的顺序推荐<u>1~3 名中标候选人</u>或根据招标人的授权直接确定中标人

核心考点 2　最低评标价法的初步评审标准 (必考指数★★)

项目	评审因素
形式评审标准	一般包括:投标人的名称;<u>投标函的签字盖章</u>;投标文件的格式;<u>联合体投标人</u>;投标报价的唯一性;其他评审因素等
资格评审标准	一般包括营业执照、安全生产许可证、<u>资质等级</u>、财务状况、<u>类似项目业绩</u>、信誉、<u>项目经理</u>、其他要求、联合体投标人等
响应性评审标准	一般包括投标内容、工期、<u>工程质量</u>、<u>投标有效期</u>、<u>投标保证金</u>、权利义务、已标价工程量清单、技术标准和要求等
施工组织设计和项目管理机构评审标准	一般包括<u>施工方案与技术措施</u>、<u>质量管理体系与措施</u>、<u>安全管理体系与措施</u>、环境保护管理体系与措施、工程进度计划与措施、<u>资源配备计划</u>、<u>技术负责人</u>、其他主要成员、施工设备、试验和检测仪器设备等

核心考点3 最低评标价法的评审程序（必考指数★★）

程序	要点
初步评审	投标报价有算术错误的,评标委员会按以下原则对投标报价进行修正,修正的价格经投标人<u>书面确认</u>后具有约束力。投标人不接受修正价格的,应当否决该投标人的投标。 (1)投标文件中的大写金额与小写金额不一致的,<u>以大写</u>金额为准; (2)总价金额与依据单价计算出的结果不一致的,<u>以单价</u>金额为准修正总价,但单价金额<u>小数点有明显错误</u>的除外
详细评审	评标委员会发现投标人的报价明显低于其他投标报价,或者在设有标底时明显低于标底,使得其投标报价可能低于其成本的,应当要求该投标人做出书面说明并提供相应的证明材料
投标文件的澄清和补正	(1)在评标过程中,评标委员会可以书面形式要求投标人对所提交的投标文件中不明确的内容进行书面澄清或说明,或者对细微偏差进行补正。评标委员会不接受投标人主动提出的澄清、说明或补正。 (2)澄清、说明和补正<u>不得改变投标文件的实质性内容</u>(算术性错误修正的除外)。投标人的书面澄清、说明和补正属于投标文件的组成部分
评标结果	评标报告应当如实记载以下内容:基本情况和数据表;评标委员会成员名单;开标记录;符合要求的投标一览表;否决投标的情况说明;评标标准、评标方法或者评标因素一览表;经评审的价格一览表;经评审的投标人排序;推荐的中标候选人名单或根据招标人授权确定的中标人名单,签订合同前要处理的事宜;以及需要澄清、说明、补正事项纪要

第四节 工程总承包招标

核心考点 工程总承包招标程序（必考指数★）

程序	内容
标准设计施工总承包招标	标准设计施工总承包招标包括的内容： (1)招标公告或投标邀请书； (2)投标人须知； (3)评标办法； (4)合同条款及格式； (5)发包人要求； (6)发包人提供的资料； (7)投标文件格式； (8)投标人须知前附表规定的其他材料
编制价格清单	价格清单指构成合同文件组成部分的由承包人按规定的格式和要求填写并标明价格的清单，它包括勘察设计费清单、工程设备费清单、必备的备品备件费清单、建筑安装工程费清单、技术服务费清单、暂估价清单、其他费用清单和投标报价汇总表
开标与评标	与标准施工招标文件相比较，评标办法前附表在设计方面增加了与设计有关的内容： (1)关于设计负责人的资格评审标准需符合投标人须知相应规定； (2)资信业绩评分标准新增设计负责人业绩； (3)增加设计部分评审

第四章　建设工程材料设备采购招标

第一节 材料设备采购招标特点及报价方式

核心考点 1 材料设备采购方式及其特点（必考指数★★★）

采购方式	适用范围	特点
询价方式	一般用于采购数额不大的建筑材料和标准规格产品,由采购方对多家供货商就采购的标的物进行询价,还可通过多轮讨价还价及磋商,经过比较后选择其中一家签订供货合同	避免了招标采购的复杂性,<u>工作量小、耗时短、交易成本低</u>,也在一定程度上进行了供货商之间的报价竞争,但存在<u>较大的主观性和随意性</u>
直接订购	多适用于零星采购、应急采购,或只能从一家供应厂商获得,或必须由原供货商提供产品或向原供货商补订的采购	<u>达成交易快,有利于及早交货</u>,但采购来源单一,缺少对价格的比选,适用的条件较为特殊
招标投标	适合于较为充分竞争的市场环境	有利于规范买卖双方的交易行为,扩大比选范围,实现公开公平竞争,但<u>程序复杂、工作量大、周期长</u>

重点提示:
　　招标投标是大宗及重要建筑材料和设备采购的最主要方式。

核心考点 2 材料设备采购批次标包划分特点（必考指数★★★）

项目	特点
材料设备采购批次标包划分	(1)同类材料设备可以<u>一次招标分期交货</u>,不同材料设备可以<u>分阶段采购</u>。应保证材料设备到货时间满足工程进度的需要,考虑交货批次和时间、运输、仓储能力等因素,并节省占用建设资金、降低仓储保管费用。 (2)标包的划分要考虑工程实际需要,保证货物质量和供货时间,并有利于<u>吸引多家投标人</u>参加竞争,既要避免标包划分过大,中小供应厂商无法满足供应;又要避免划分过小,缺乏对大型供应厂商的吸引力。投标的基本单位是<u>标包</u>,每次招标时,可依据设备材料的性质只发一个标包或<u>分成几个标包</u>同时招标。投标人可以投一个或其中的几个标包,但<u>不能仅对一个标包中的某几项进行投标</u>

核心考点 3　材料设备采购招投标报价方式（必考指数★★★）

方式		内容
从中国关境内提供的货物	报出厂价	报出厂价、仓库交货价的，除应包括要向中国政府缴纳的增值税和其他税，还应包括货物在制造或组装时使用的部件和原材料是从关境外进口的已交纳或应交纳的全部关税、增值税和其他税
	投标前已进口货物报仓库交货价	对投标截止时间前已经进口的货物，可报仓库交货价，除应包括要向中国政府缴纳的增值税和其他税，还应包括货物在从关境外进口时已交纳或应交纳的全部关税、增值税和其他税
	报施工现场交货价	规定由国内供货方（卖方）负责将货物运至国内施工现场，则投标人报施工现场交货价，该报价包含出厂价（EXW 价）加上运至施工现场的内陆运输费和保险费
从中国关境外提供的货物	报 FOB 价或 FCA 价	(1)招标文件可要求国外供货方（卖方）报 FOB 价，卖方在装运港将货物装上买方指定的船只，即完成交货，卖方负责办理包括将货物在指定的装船港装上船之前的一切运输事项及运输费用，费用包含在报价中。 (2)报 FCA 价，卖方在指定的地点将货物交给买方指定的承运人，即完成交货，卖方负责办理将货物在买方指定地点或其他同意的地点交由承运方保管之前的一切运输事项，并承担运输费用，费用包含在报价中
	报 CIF 价或 CIP 价	(1)要求国外供货方（卖方）报 CIF（指定目的港）价，卖方负责办理租船订舱，并承担将货物装上船之前的一切费用，以及海运费和从转运港运至目的港的保险费。 (2)报 CIP（指定目的地）价，卖方负责与承运人签订运输协议，并承担货物运至目的地的运费和保险费

第二节　材料采购招标

核心考点 1　材料采购招标文件的编制（必考指数★）

项目	内容
招标文件的内容	(1)招标公告或投标邀请书。 (2)投标人须知。 (3)评标办法。 (4)合同条款及格式。 (5)供货要求。 (6)投标文件格式。 (7)投标人须知前附表规定的其他资料
供货要求	建设工程材料招标的供货要求应包括：材料名称、规格、数量及单位、交货期、交货地点、质量标准、验收标准和相关服务要求等。 　其中，标的物的名称要使用正式、标准名称的全称，并符合国家标准、国际标准或行业标准；数量及单位是对投标标的物的计量要求，要写清数量的计量单位和计量方法，避免使用有歧义的计量单位，如：<u>车</u>、<u>包</u>、<u>捆</u>等；相关服务要求，应在招标文件中写明要求供货方提供的与供货材料有关的辅助服务，如：<u>为买方检验</u>、<u>使用和修补材料提供技术指导</u>、<u>培训</u>、<u>协助</u>等
投标文件的内容	(1)投标函及投标函附录。 (2)法定代表人身份证明或授权委托书。 (3)联合体协议书。 (4)投标保证金。 (5)商务和技术偏差表。 (6)分项报价表。 (7)资格审查资料。 (8)投标材料质量标准。 (9)技术支持资料。 (10)相关服务计划。 (11)投标人须知前附表规定的其他资料

核心考点2　投标保证金（必考指数★）

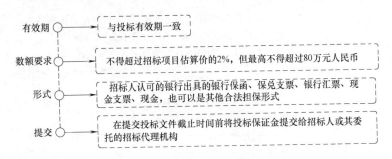

核心考点3　材料采购的评标方法（必考指数★★★）

综合评估法	最低评标价法
评标委员会按招标文件中规定的评估指标及其量化因素和分值进行评分，包括<u>投标人的商务评分、投标报价评分、技术评分及其他因素评分</u>，进而计算出综合评估得分。符合招标文件要求且<u>得分最高</u>的投标人推荐为中标候选人	（1）该方法以<u>投标价</u>为基础，将评审各要素按预定方法换算成相应价格值，增加或减少到报价上形成评标价。在投标价之外还需考虑的因素通常包括<u>运输费用、交货期、付款条件、零配件、售后服务、产品性能、生产能力</u>等。 （2）按照评标价<u>由低到高</u>的顺序排列，<u>最低评标价</u>的投标书最优。 （3）该方法既适用于<u>技术简单或技术规格、性能、制作工艺要求统一</u>的货物采购的评标，也适用于机组、车辆等大型设备采购的评标

核心考点4　材料采购的初步评审（必考指数★★★）

形式	内容
形式评审	主要审查投标人名称、投标函签字盖章、投标文件格式、联合体协议书等是否符合招标文件的规定

形式	内容
资格评审	主要审查营业执照和组织机构代码证、资质要求、财务要求、业绩要求、信誉要求等是否符合规定
响应性评审	主要审查<u>投标报价</u>、投标内容、<u>交货期</u>、质量要求、投标有<u>效期</u>、<u>投标保证金</u>、权利义务、投标材料及相关服务等是否符合规定。 　投标报价有算术错误及其他错误的，评标委员会按以下原则对投标报价进行修正，并要求投标人书面澄清确认，投标人拒不澄清确认的，评标委员会应当否决其投标： 　（1）投标文件中的大写金额与小写金额不一致的，以<u>大写金额</u>为准； 　（2）总价金额与单价金额不一致的，以<u>单价金额</u>为准，但单价金额小数点有明显错误的除外； 　（3）投标报价为各分项报价金额之和，投标报价与分项报价的合价不一致，应以<u>各分项合价累计数</u>为准，修正投标报价； 　（4）如果分项报价中存在缺漏项，则视为缺漏项价格已包含在其他分项报价之中

第三节　设备采购招标

核心考点1　设备招标供货及服务要求（必考指数★）

项目	含义
合同设备	卖方按合同约定应向买方提供的设备、装置、备品、备件、易损易耗件、配套使用的软件或其他辅助电子应用程序及技术资料，或其中任何一部分
技术资料	各种纸质及电子载体的与合同设备的设计、检验、安装、调试、考核、操作、维修以及保养等有关的技术指标、规格、图纸和说明文件
安装	对合同设备进行的组装、连接以及根据需要将合同设备固定在施工场地内一定的位置上，使其就位并与相关设备、工程实现连接

项目	含义
调试	在合同设备安装完成后,对合同设备所进行的调校和测试
考核	在合同设备调试完成后,对合同设备进行的用于确定其是否达到合同约定的技术性能考核指标的考核
验收	合同设备通过考核达到约定的技术性能考核指标后,买方作出的接受合同设备的确认。招标人应对合同设备在考核中应达到的技术性能考核指标进行规定
技术服务	卖方按合同约定,在合同设备验收前,向买方提供的安装、调试服务,或者在由买方负责的安装、调试、考核中对买方进行的技术指导、协助、监督和培训等
质量保证期	合同设备验收后,卖方按合同约定保证合同设备适当、稳定运行,并消除合同设备故障的期限

重点提示:

伴随服务是本考点的重中之重,考核要点如下。

根据商务部印发的《机电产品国际招标标准招标文件(试行)》的规定,机电设备招标的范围除了交付约定的机组设备外,还包括"伴随服务",即根据合同规定卖方承担与供货有关的辅助服务,如运输、保险、安装、调试、提供技术援助、培训和合同中规定卖方应承担的义务,一般包括:

(1)实施或监督所供货物的现场组装和试运行;

(2)提供货物组装和维修所需的工具;

(3)为所供货物的每一适当的单台设备提供详细的操作和维护手册;

(4)在双方商定的一定期限内对所供货物实施运行或监督或维护或修理,但该服务并不能免除卖方在合同保证期内所承担的义务;

(5)在卖方厂家和/或在项目现场就所供货物的组装、试运行、运行、维护和/或修理对买方人员进行培训。

核心考点2 设备招标工作要点（必考指数★）

项目	注意事项
设备招标及报价	(1)对工程成套设备的供应，投标人可以是生产厂家，也可以是工程公司或贸易公司，为了保证设备供应并按期交货，如工程公司或贸易公司为投标人，必须提供生产厂家同意其在本次投标中提供该货物的正式授权书，一个生产厂家对同一品牌同一型号的材料和设备，仅能委托一个代理商参加投标。 (2)对大型设备采购招标，由于产品设计和制造的难度及复杂性，对生产厂家应有较高的资质和能力条件的要求，须具有相应的制造能力，尤其是制作同类型产品的经验，以确保标的物能够保质保量、按期交货。 (3)与通用材料的采购相比较，设备采购，尤其是大型成套设备采购，买卖双方权利和义务关系涉及的内容多、期限较长。 (4)编写工作范围时，应注意写明具体采购货物的形式、规格和性能要求、结构要求、结合部位要求、附属设备以及土建工程的限制条件。 (5)报价分析不仅要考虑设备本体和辅助设备的费用，也要考虑大件运输、安装、调试、专用工具等的费用；还要考虑售后维修服务人员培训、备品备件、软件升级等的可获得性和费用。 (6)招标文件应明确规定，是否允许投标人提供可供选择的替代方案，以及可接受的替代方案的范围和要求，以便投标者做出响应
招标人编制技术性能指标	(1)应将技术性能指标规定明确、全面，以有助于投标人编制响应性的投标文件，也有助于评标委员会审查、评审和比较投标文件。 (2)技术性能指标应具有适当的广泛性。 (3)招标文件中规定的工艺、材料和设备的标准不得有限制性，应尽可能地采用国家标准。 (4)技术性能指标不得要求或标明某一特定的专利技术、商标、名称、设计、原产地或供应者等，不得含有倾向或者排斥潜在投标人的其他内容。 (5)在考核中应达到的技术性能考核指标进行规定，并可根据合同设备的实际情况，规定可以接受的合同设备的最低技术性能考核指标

核心考点3 设备采购综合评估法价格因素的评价（必考指数★）

项目	内容
对投标报价的审核修正或调整	(1)如果有算术错误,投标价将按照<u>投标人须知</u>的规定修正。 (2)如果有价格变更声明,投标价作相应调整。 (3)如有不同货币,统一转换为招标文件规定的评标货币。 (4)如有不同的价格条件,<u>以货物到达招标人指定的到货地点</u>为依据进行调整: ①关境内制造的产品:出厂价(含增值税)＋消费税(如适用)＋运输、保险费＋其他相关费用。 ②投标前已进口的产品:销售价(含进口环节税、销售环节增值税)＋运输、保险费＋其他相关费用。 ③关境外产品:CIF价＋进口环节税＋消费税(如适用)＋关境内运输、保险费＋其他相关费用
投标价格评价值的确定	(1)按照招标文件的价格评价函数(评价标准)计算投标价格的评价值。 (2)招标文件是否设置最高投标限价。如设置,招标文件中应明确<u>最高投标限价金额或最高投标限价的计算方法</u>。若投标人的投标价格<u>超出最高投标限价,其投标将被否决</u>

核心考点4 商务因素的评价（必考指数★）

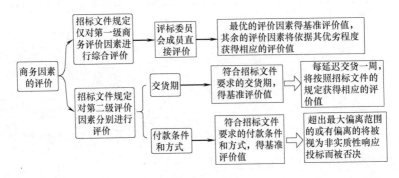

75

核心考点 5　技术/服务因素的评价（必考指数★）

项目	评价	
若招标文件规定,仅对第一级技术/服务评价因素进行综合评价	由评标委员会成员直接评价	最优的评价因素得基准评价值,其余的评价因素依据其优劣程度获得相应的评价值
若招标文件规定对第二级评价因素分别进行评价	将按文件中规定的计算公式计算评价值;或按文件中规定,由评标委员会成员直接评价	

核心考点 6　设备采购的评标价法（必考指数★★★）

项目	内容
方法	评标价法是以<u>货币价格</u>作为评价指标的评价方法,依据招标设备标的性质不同,可采用<u>最低评标价法</u>和<u>以设备寿命周期成本为基础的评标价法</u>
以设备寿命周期成本为基础的评标价法	(1)适用于<u>采购生产线、成套设备、车辆</u>等运行期内各种费用较高的货物,评标时可预先确定一个统一的设备评审寿命期(短于实际寿命期),然后再根据投标书的实际情况在报价上加上该年限运行期间所发生的各项费用,再减去寿命期末设备的残值。 (2)该方法是在评标价的基础上,进一步加上<u>一定运行年限内的费用</u>作为评审价格。这些以贴现值计算的费用包括: ①估算寿命期内所需的燃料消耗费; ②估算寿命期内所需备件及维修费用; ③估算寿命期残值

第五章　建设工程勘察
设计合同管理

第一节 工程勘察合同订立和履行管理

核心考点 1 建设工程勘察合同文本的构成（必考指数★）

项目	内容
构成	通用合同条款、专用合同条款和合同附件格式构成
合同文件	(1)"专用合同条款"可对"通用合同条款"进行补充、细化,但除"通用合同条款"明确规定可以作出不同约定外,"专用合同条款"补充和细化的内容不得与"通用合同条款"相抵触,否则抵触内容无效。 (2)除专用合同条款另有约定外,解释合同文件的优先顺序如下: ①合同协议书; ②中标通知书; ③投标函及投标函附录; ④专用合同条款; ⑤通用合同条款; ⑥发包人要求; ⑦勘察费用清单; ⑧勘察纲要; ⑨其他合同文件
合同附件格式	(1)九部委勘察合同文本合同附件包括合同协议书和履约保证金格式。 (2)除法律另有规定或合同另有约定外,发包人和勘察人的法定代表人或其委托代理人在合同协议书上签字并盖单位章后,合同生效。 (3)履约保证金格式要求,如采用银行保函,应当提供无条件地、不可撤销担保。担保有效期自发包人与勘察人签订的合同生效之日起至发包人签收最后一批勘察成果文件之日起28日后失效。在本担保有效期内,如果勘察人不履行合同约定的义务或其履行不符合合同的约定,担保人在收到发包人以书面形式提出的在担保金额内的赔偿要求后,在7日内无条件支付

核心考点2　建设工程勘察合同的内容和勘察合同当事人（必考指数★）

项目	内容
建设工程勘察合同的内容	建设工程勘察合同的内容指勘察人根据建设工程的要求,查明、分析、评价建设场地的地质地理环境特征和岩土工程条件,编制建设工程勘察文件的活动。勘察服务内容、勘察范围等在专用合同条款中约定
勘察合同当事人	(1)建设工程勘察合同当事人包括<u>发包人和勘察人</u>。 (2)勘察人必须具备以下条件: ①依据我国法律规定,作为承包人的勘察单位必须具备法人资格,任何其他组织和个人均不能成为承包人; ②建设工程勘察合同的承包方须持有工商行政管理部门核发的企业法人营业执照,并且必须在其核准的经营范围内从事建设活动; ③建设工程勘察合同的承包方必须持有建设行政主管部门颁发的工程勘察资质证书、工程勘察收费资格证书,而且应当在其资质等级许可的范围内承揽建设工程勘察业务

重点提示:

　　勘察人必须具备的条件助记:法人资格;营业执照;工程勘察资质证书、工程勘察收费资格证书。

核心考点3　勘察依据及发包人应向勘察人提供的文件资料（必考指数★）

项目	内容
勘察依据	除专用合同条款另有约定外,工程的勘察依据如下: (1)适用的法律、行政法规及部门规章; (2)与工程有关的规范、标准、规程; (3)工程基础资料及其他文件; (4)本勘察服务合同及补充合同; (5)本工程设计和施工需求; (6)合同履行中与勘察服务有关的来往函件; (7)其他勘察依据

项目	内容
发包人应向勘察人提供的文件资料	发包人应及时向勘察人提供下列文件资料,并对其准确性、可靠性负责,通常包括: (1)本工程的批准文件(复印件),以及用地(附红线范围)、施工、勘察许可等批件(复印件)。 (2)工程勘察任务委托书、技术要求和工作范围的地形图、建筑总平面布置图。 (3)勘察工作范围已有的技术资料及工程所需的坐标与标高资料。 (4)勘察工作范围地下已有埋藏物的资料(如电力、电信电缆、各种管道、人防设施、洞室等)及具体位置分布图。 (5)其他必要相关资料

核心考点 4　建设工程勘察合同中发包人和勘察人的义务（必考指数★）

主体	义务
发包人	(1)遵守法律。 (2)发出开始勘察通知。 (3)办理证件和批件。 (4)支付合同价款。 (5)提供勘察资料。 (6)其他义务
勘察人	(1)遵守法律。 (2)依法纳税。 (3)完成全部勘察工作。 (4)保证勘察作业规范、安全和环保。 (5)避免勘探对公众与他人的利益造成损害

核心考点 5　建设工程勘察合同发包人管理（必考指数★）

项目	内容
发包人代表	(1)除专用合同条款另有约定外,发包人应在合同签订后14日内,将发包人代表的姓名、职务、联系方式、授权范围和授权期限书面通知勘察人。

项目	内容
发包人代表	(2)发包人代表违反法律法规、违背职业道德守则或者不按合同约定履行职责及义务,导致合同无法继续正常履行的,勘察人有权通知发包人更换发包人代表。 (3)发包人收到通知后7日内,应当核实完毕并将处理结果通知勘察人。发包人代表可以授权发包人的其他人员负责执行其指派的一项或多项工作。发包人代表应将被授权人员的姓名及其授权范围通知勘察人。 (4)被授权人员在授权范围内发出的指示视为已得到发包人代表的同意,与发包人代表发出的指示具有同等效力
监理人	未经发包人批准,监理人无权修改合同。合同约定应由勘察人承担的义务和责任,不因监理人对勘察文件的审查或批准,以及为实施监理作出的指示等职务行为而减轻或解除
发包人的指示	在紧急情况下,发包人代表或其授权人员可以当场签发临时书面指示,勘察人应遵照执行。发包人代表应在临时书面指示发出后24小时内发出书面确认函

核心考点6　建设工程勘察合同项目负责人（必考指数★）

项目	内容
项目负责人的指派	勘察人应按合同协议书的约定指派项目负责人,并在约定的期限内到职。勘察人更换项目负责人应事先征得发包人同意,并应在更换14日前将拟更换的项目负责人的姓名和详细资料提交发包人。项目负责人2日内不能履行职责的,应事先征得发包人同意,并委派代表代行其职责
项目负责人的职责	项目负责人应按合同约定以及发包人要求,负责组织合同工作的实施。在情况紧急且无法与发包人取得联系时,可采取保证工程和人员生命财产安全的紧急措施,并在采取措施后24小时内向发包人提交书面报告
勘察人函件的要求	勘察人为履行合同发出的一切函件均应盖有勘察人单位章,并由勘察人的项目负责人签字确认

核心考点 7　建设工程勘察合同勘察要求（必考指数★）

项目		要求
一般要求		除专用合同条款另有约定外，勘察人完成勘察工作所应遵守的法律规定，以及国家、行业和地方的规范和标准，均应视为在基准日适用的版本。基准日之后，前述版本发生重大变化，或者有新的法律，以及国家、行业和地方的规范和标准实施的，勘察人应向发包人提出遵守新规定的建议。发包人应在收到建议后<u>7 日</u>内发出是否遵守新规定的指示
勘察作业	测绘	(1)除专用合同条款另有约定外，发包人应在开始勘察前<u>7 日</u>内，向勘察人提供<u>测量基准点、水准点和书面资料</u>等；勘察人应根据国家测绘基准、测绘系统和工程测量技术规范，按<u>发包人</u>要求的基准点以及合同工程精度要求，进行测绘。 (2)测绘工作应由测量人员如实记录，<u>不得补记、涂改或者损坏</u>
	勘探	(1)勘察人应当根据勘察目的和岩土特性，合理选择钻探、井探、槽探、洞探和地球物理勘探等勘探方法，为完成合同约定的勘察任务创造条件。勘察人对于勘察方法的<u>正确性、适用性和可靠性</u>完全负责。 (2)勘察人布置勘探工作时，应当充分考虑勘探方法对于自然环境、周边设施、建构筑物、地下管线、架空线和其他物体的影响，采用切实有效的措施进行防范控制，<u>不得造成损坏或中断运行</u>，否则由此导致的费用增加和(或)周期延误由<u>勘察人</u>自行承担
	取样	(1)勘察人应当针对不同的岩土地质，按照勘探取样规范规程中的相关规定，根据地层特征、取样深度、设备条件和试验项目的不同，合理选用取样方法和取样工具进行取样，<u>包括并不限于土样、水样、岩芯等</u>。 (2)取样后的样品应当填写和粘贴标签，标签内容<u>包括并不限于工程名称、孔号、样品编号、取样深度、样品名称、取样日期、取样人姓名、施工机组</u>等
	试验	试验报告的格式应当符合 CMA 计量认证体系要求，加盖 CMA 章并由<u>试验负责人</u>签字确认；试验负责人应当通过计量认证考核，并由<u>项目负责人</u>授权许可

项目	要求
临时占地 和设施	(1)勘察人应当根据勘察服务方案制订临时占地计划,报请<u>发包人</u>批准。 (2)位于道路、绿化或者其他市政设施内的临时占地,由<u>勘察人</u>向行政管理部门报建申请,按照要求制定占地施工方案,并据此实施。 (3)临时设施包括并不限于施工围挡、交通疏导设施、安全防范设施、钻机防护设施、安全文明施工设施、办公生活用房、取样存放场所等。 (4)除专用合同条款另有约定外,临时设施的修建、拆除和恢复费用由<u>勘察人自行承担</u>
安全作业	(1)勘察人应按合同约定履行安全职责,执行发包人有关安全工作的指示,并在专用合同条款约定的期限内,按合同约定的安全工作内容,编制<u>安全措施计划报送发包人批准</u>。 (2)勘察人应严格按照国家安全标准制定施工安全操作规程。 (3)勘察人应按发包人的指示制定应对灾害的<u>紧急预案</u>,报送<u>发包人</u>批准。勘察人还应按预案做好安全检查、<u>配置必要的救助物资和器材</u>
环境保护	勘察人应按合同约定的环保工作内容,编制<u>环保措施计划</u>,报送<u>发包人</u>批准

核心考点8　建设工程勘察合同价格与支付（必考指数★★）

项目	要求
合同价格	(1)勘察费用实行<u>发包人签证制度</u>。 (2)除专用合同条款另有约定外,合同价格应当包括<u>收集资料</u>、<u>踏勘现场</u>,拟订纲要,进行测绘、勘探、取样、试验、测试、分析、评估、配合审查等,编制勘察文件,设计施工配合,青苗和园林绿化补偿,占地补偿,扰民及民扰,占道施工,<u>安全防护</u>、<u>文明施工</u>、环境保护,<u>农民工工伤保险</u>等全部费用和国家规定的<u>增值税税金</u>。 (3)发包人要求勘察人进行外出考察、试验检测、专项咨询或专家评审时,相应<u>费用不含在合同价格之中</u>,由<u>发包人</u>另行支付
定金或预付款	发包人应在收到定金或预付款支付申请后 28 日内,将定金或预付款支付给勘察人;勘察服务完成之前,由于不可抗力或其他非勘察人的原因解除合同时,<u>定金不予退还</u>

项目	要求
中期支付	发包人应在收到中期支付申请后的 <u>28 日</u>内,将应付款项支付给勘察人
费用结算	(1)发包人应在收到费用结算申请后的 <u>28 日</u>内,将应付款项支付给勘察人。 (2)发包人对费用结算申请内容有异议的,有权要求勘察人进行修正和提供补充资料,由勘察人重新提交

核心考点 9 建设工程勘察合同的违约责任（必考指数★★★）

违约主体	违约情形
勘察人	(1)勘察文件不符合法律以及合同约定。 (2)勘察人<u>转包、违法分包</u>或者未经发包人同意擅自分包。 (3)勘察人未按合同计划完成勘察,从而造成工程损失。 (4)勘察人无法履行或停止履行合同。 (5)勘察人不履行合同约定的其他义务
发包人	(1)发包人未按合同约定支付勘察费用。 (2)发包人原因造成勘察停止。 (3)发包人无法履行或停止履行合同。 (4)发包人不履行合同约定的其他义务
第三人	在履行合同过程中,一方当事人因第三人的原因造成违约的,应当向对方当事人承担违约责任。一方当事人和第三人之间的纠纷,依照法律规定或者按照约定解决

第二节 工程设计合同订立和履行管理

核心考点 1 建设工程设计合同文本的构成（必考指数★）

项目	内容
构成	由通用合同条款、专用合同条款和合同附件格式构成
合同文件	组成合同的各项文件应互相解释,互为说明。除专用合同条款另有约定外,解释合同文件的优先顺序如下: (1)合同协议书; (2)中标通知书; (3)投标函及投标函附录; (4)专用合同条款;

项目	内容
合同文件	(5)通用合同条款； (6)发包人要求； (7)设计费用清单； (8)设计方案； (9)其他合同文件
合同附件格式	(1)九部委设计合同文本合同附件格式包括<u>合同协议书和履约保证金格式</u>。 (2)除法律另有规定或合同另有约定外,发包人和设计人的法定代表人或其委托代理人在合同协议书上<u>签字并盖单位章后,合同生效</u>。 (3)履约保证金格式要求,如采用银行保函,应当<u>提供无条件地、不可撤销担保</u>。 (4)担保有效期自发包人与设计人签订的合同生效之日起至发包人签收最后一批设计成果文件之日起 <u>28</u> 日后失效。在本担保有效期内,如果设计人不履行合同约定的义务或其履行不符合合同的约定,担保人在收到发包人以书面形式提出的在担保金额内的赔偿要求后,在 <u>7</u> 日内无条件支付

核心考点 2 建设工程设计合同的内容和合同当事人（必考指数★）

项目	内容
设计合同的内容	(1)建设工程设计合同的内容是指设计人根据建设工程的要求,对建设工程所需的技术、经济、资源、环境等条件进行综合分析、论证,编制建设工程设计文件。 (2)建设工程设计合同的内容所指的建设工程设计范围,包括<u>工程范围、阶段范围和工作范围</u>,具体设计范围应当根据三者之间的关联内容进行确定
设计合同当事人	建设工程设计合同当事人包括发包人和设计人。发包人通常也是工程建设项目的业主(建设单位)或者项目管理部门(如工程总承包单位)。承包人则是设计人,设计人须为具有相应设计资质的企业法人

核心考点 3　订立设计合同时应约定的内容（必考指数★）

项目	内容
设计依据	(1)适用的法律、行政法规及部门规章。 (2)与工程有关的规范、标准、规程。 (3)工程基础资料及其他文件。 (4)本设计服务合同及补充合同。 (5)本工程勘察文件和施工需求。 (6)合同履行中与设计服务有关的来往函件。 (7)其他设计依据
发包人应向设计人提供的文件资料	按专用合同条款约定由发包人提供的文件，包括基础资料、勘察报告、设计任务书等，发包人应按约定的数量和期限交给设计人
发包人义务	(1)遵守法律。 (2)发出开始设计通知。 (3)办理证件和批件。 (4)支付合同价款。 (5)提供设计资料。 (6)其他义务
设计人的一般义务	(1)遵守法律。 (2)依法纳税。 (3)完成全部设计工作。 (4)其他义务

核心考点 4　建设工程设计合同发包人的管理（必考指数★）

项目	内容
发包人代表	(1)除专用合同条款另有约定外，发包人应在合同签订后<u>14 日内</u>，将发包人代表的<u>姓名、职务、联系方式、授权范围和授权期限</u>书面通知设计人，由发包人代表在其授权范围和授权期限内，代表发包人行使权利、履行义务和处理合同履行中的具体事宜。 (2)发包人代表可以授权发包人的其他人员负责执行其指派的一项或多项工作。发包人代表应将被授权人员的<u>姓名及其授权范围</u>通知设计人。被授权人员在授权范围内发出的指示视为已得到<u>发包人代表</u>的同意，与发包人代表发出的指示具有<u>同等效力</u>

项目	内容
监理人	(1)如果委托监理，则监理人享有合同约定的权力，其所发出的任何指示应视为已得到发包人的批准。 (2)监理人的监理范围、职责权限和总监理工程师信息，应在专用合同条款中指明。未经发包人批准，监理人无权修改合同
发包人的指示	发包人应按合同约定向设计人发出指示，发包人的指示应盖有发包人单位章，并由发包人代表签字确认
决定或答复	发包人应在专用合同条款约定的时间之内，对设计人书面提出的事项作出书面答复；逾期没有做出答复的，视为已获得发包人的批准

核心考点5　建设工程设计合同的设计要求（必考指数★）

项目	要求
一般要求	(1)发包人应当遵守法律和规范标准，不得以任何理由要求设计人违反法律和工程质量、安全标准进行设计服务，降低工程质量。 (2)各项规范、标准和发包人要求之间如对同一内容的描述不一致时，应以描述更为严格的内容为准
设计文件要求	(1)设计文件的编制应符合法律法规、规范标准的强制性规定和发包人要求，相关设计依据应完整、准确、可靠，设计方案论证充分，计算成果规范可靠，并能够实施。 (2)设计服务应当根据法律、规范标准和发包人要求，保证工程的合理使用寿命年限，并在设计文件中予以注明。 (3)设计文件必须保证工程质量和施工安全等方面的要求，按照有关法律法规规定在设计文件中提出保障施工作业人员安全和预防生产安全事故的措施建议
开始设计	(1)符合专用合同条款约定的开始设计条件的，发包人应提前7日向设计人发出开始设计通知。设计服务期限自开始设计通知中载明的开始设计日期起计算。 (2)除专用合同条款另有约定外，因发包人原因造成合同签订之日起90日内未能发出开始设计通知的，设计人有权提出价格调整要求，或者解除合同
发包人审查设计文件	除专用合同条款另有约定外，发包人对于设计文件的审查期限，自文件接收之日起不应超过14日。发包人逾期未做出审查结论且未提出异议的，视为设计人的设计文件已经通过发包人审查

核心考点 6　建设工程设计合同价格与支付（必考指数★）

项目	要求
合同价格	(1)设计费用实行<u>发包人签证</u>制度。 (2)除专用合同条款另有约定外,合同价格应当包括收集资料,踏勘现场,进行设计、评估、审查等,编制设计文件,施工配合等全部费用和国家规定的增值税税金。 (3)发包人要求设计人进行外出考察、试验检测、专项咨询或专家评审时,相应费用<u>不含在合同价格</u>之中,由<u>发包人</u>另行支付
定金或预付款	发包人应在收到<u>定金或预付款</u>支付申请后 <u>28 日</u>内,将定金或预付款支付给设计人
中期支付	设计人应按发包人批准或专用合同条款约定的格式及份数,向发包人提交中期支付申请,并附相应的支持性证明文件。发包人应在收到中期支付申请后的 <u>28 日</u>内,将应付款项支付给设计人
费用结算	发包人应在收到费用结算申请后的 <u>28 日</u>内,将应付款项支付给设计人

核心考点 7　建设工程设计合同的违约责任（必考指数★）

违约主体	违约情形
设计人	(1)设计文件不符合法律以及合同约定。 (2)设计人<u>转包、违法分包或者未经发包人同意擅自分包</u>。 (3)设计人未按合同计划完成设计,从而造成工程损失。 (4)设计人无法履行或停止履行合同。 (5)设计人不履行合同约定的其他义务
发包人	(1)<u>发包人未按合同约定支付设计费用</u>。 (2)<u>发包人原因造成设计停止</u>。 (3)发包人无法履行或停止履行合同。 (4)发包人不履行合同约定的其他义务
第三人	(1)在履行合同过程中,一方当事人因第三人的原因造成违约的,应当向对方当事人承担违约责任。 (2)一方当事人和第三人之间的纠纷,依照法律规定或者按照约定解决

第六章　建设工程施工合同管理

第一节　施工合同标准文本

核心考点 1　施工合同标准文本概述（必考指数★★）

项目	内容
通用合同条款	各行业编制的标准施工合同应不加修改地引用《标准施工招标文件》中的"通用合同条款"，即标准施工合同和简明施工合同的通用条款广泛适用于各类建设工程
专用合同条款	各行业编制的标准施工招标文件中的"专用合同条款"可结合施工项目的具体特点，对标准的"通用合同条款"进行补充、细化
效力	除"通用合同条款"明确"专用合同条款"可做出不同约定外，补充和细化的内容不得与"通用合同条款"的规定相抵触，否则抵触内容无效

核心考点 2　标准施工合同的通用条款和专用条款（必考指数★）

组成	内容
通用条款	标准施工合同的通用条款包括 24 条，标题分别为：一般约定；发包人义务；监理人；承包人；材料和工程设备；施工设备和临时设施；交通运输；测量放线；施工安全、治安保卫和环境保护；进度计划；开工和竣工；暂停施工；工程质量；试验和检验；变更；价格调整；计量与支付；竣工验收；缺陷责任与保修责任；保险；不可抗力；违约；索赔；争议的解决
专用条款	工程实践应用时，通用条款中适用于招标项目的条或款不必在专用条款内重复，需要补充细化的内容应与通用条款的条或款的序号一致，使得通用条款与专用条款中相同序号的条款内容共同构成对履行合同某一方面的完备约定

90

核心考点3　合同附件格式（必考指数★★★）

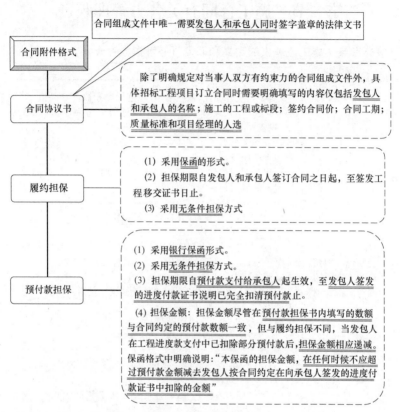

合同组成文件中唯一需要发包人和承包人同时签字盖章的法律文书

合同附件格式

合同协议书

　　除了明确规定对当事人双方有约束力的合同组成文件外，具体招标工程项目订立合同时需要明确填写的内容仅包括发包人和承包人的名称；施工的工程或标段；签约合同价；合同工期；质量标准和项目经理的人选

履约担保

　　(1) 采用保函的形式。
　　(2) 担保期限自发包人和承包人签订合同之日起，至签发工程移交证书日止。
　　(3) 采用无条件担保方式

预付款担保

　　(1) 采用银行保函形式。
　　(2) 采用无条件担保方式。
　　(3) 担保期限自预付款支付给承包人起生效，至发包人签发的进度付款证书说明已完全扣清预付款止。
　　(4) 担保金额：担保金额尽管在预付款担保书内填写的数额与合同约定的预付款数额一致，但与履约担保不同，当发包人在工程进度款支付中已扣除部分预付款后，担保金额相应递减。保函格式中明确说明："本保函的担保金额，在任何时候不应超过预付款金额减去发包人按合同约定在向承包人签发的进度付款证书中扣除的金额"

核心考点4　简明施工合同（必考指数★）

项目	内容
适用	适用于工期在12个月内的中小工程施工,是对标准施工合同简化的文本,通常由发包人负责材料和设备的供应,承包人仅承担施工义务
通用合同条款	简明施工合同通用条款包括17条,标题分别为:一般约定;发包人义务;监理人;承包人;施工控制网;工期;工程质量;试验和检验;变更;计量与支付;竣工验收;缺陷责任与保修责任;保险;不可抗力;违约;索赔;争议的解决

第二节　施工合同有关各方管理职责

核心考点　施工监理人的定义和职责（必考指数★★★）

项目	内容
监理人的定义	"受委托人的委托,依照法律、规范标准和监理合同等,对建设工程勘察、设计或施工等阶段进行质量控制、进度控制、投资控制、合同管理、信息管理、组织协调和安全监理的法人或其他组织。"既属于发包人一方的人员,但又不同于发包人的雇员,即不是一切行为均遵照发包人的指示,而是在授权范围内独立工作,以保障工程按期、按质、按量完成发包人的最大利益为管理目标
受发包人委托对施工合同的履行进行管理	(1)在发包人授权范围内,负责发出指示、检查施工质量、控制进度等现场管理工作。 (2)在发包人授权范围内独立处理合同履行过程中的有关事项,行使通用条款规定的,以及具体施工合同专用条款中说明的权力。 (3)承包人收到监理人发出的任何指示,视为已得到发包人的批准,应遵照执行。 (4)在合同规定的权限范围内,独立处理或决定有关事项,如单价的合理调整、变更估价、索赔等
居于施工合同履行管理的核心地位	(1)监理人应按照合同条款的约定,公平合理地处理合同履行过程中涉及的有关事项。 (2)除合同另有约定外,承包人只从总监理工程师或被授权的监理人员处取得指示。 (3)"商定或确定"条款规定,总监理工程师在协调处理合同履行过程中的有关事项时,应首先与合同当事人协商,尽量达成一致。不能达成一致时,总监理工程师应认真研究审慎"确定"后通知当事人双方并附详细依据
监理人的指示	如果监理人的指示错误或失误给承包人造成损失,则由发包人负责赔偿。通用条款明确规定: (1)监理人未能按合同约定发出指示、指示延误或指示错误而导致承包人施工成本增加和(或)工期延误,由发包人承担赔偿责任。 (2)监理人无权免除或变更合同约定的发包人和承包人权利、义务和责任

第三节 施工合同订立

项目		内容
合同的组成文件及解释顺序		《标准施工合同》的通用条款中规定,合同的组成文件包括: (1)合同协议书; (2)<u>中标通知书</u>; (3)投标函及投标函附录; (4)<u>专用合同条款</u>; (5)<u>通用合同条款</u>; (6)技术标准和要求; (7)图纸; (8)<u>已标价的工程量清单</u>; (9)其他合同文件——经合同当事人双方确认构成合同的其他文件。 以上合同文件序号为优先解释的顺序
文件的含义	中标通知书	中标通知书是招标人接受中标人的书面承诺文件,具体写明承包的施工标段、中标价、工期、工程质量标准和中标人的项目经理名称
	投标函及投标函附录	标准施工合同文件组成中的投标函,不同于《建设工程施工合同(示范文本)》规定的投标书及其附件,仅是投标人置于投标文件首页的保证中标后与发包人签订合同、按照要求提供履约担保、按期完成施工任务的承诺文件

重点提示:

合同文件的组成及解释顺序是高频考点,其助记为:

协议通知投标函;专通标准指（纸）清单。

核心考点 2　订立合同时需要明确的内容（必考指数★★）

项目	内容
施工现场范围和施工临时占地	（1）发包人应明确说明施工现场永久工程的占地范围并提供征地图纸，以及属于发包人施工前期配合义务的有关事项。 （2）项目施工如果需要临时用地（招标文件中已说明或承包人投标书内提出要求），也需明确占地范围和临时用地移交承包人的时间
发包人提供图纸的期限和数量	如果承包人有专利技术且有相应的设计资质，可能约定由承包人完成部分施工图设计。此时也应明确承包人的设计范围，提交设计文件的期限、数量、以及监理人签发图纸修改的期限等
发包人提供的材料和工程设备	对于包工部分包料的施工承包方式，往往设备和主要建筑材料由发包人负责提供，需明确约定发包人提供的材料和设备分批交货的种类、规格、数量、交货期限和地点等，以便明确合同责任
异常恶劣的气候条件范围	"异常恶劣的气候条件"属于发包人的责任，"不利气候条件"对施工的影响则属于承包人应承担的风险，因此应当根据项目所在地的气候特点，在专用条款中明确界定不利于施工的气候和异常恶劣的气候条件之间的界限

核心考点 3　物价浮动的合同价格调整（必考指数★★★）

项目	内容
基准日期	（1）通用条款规定的基准日期指投标截止时间前28日的日期。 （2）通用条款在两个方面做出了规定： ①承包人以基准日期前的市场价格编制工程报价，长期合同中调价公式中的可调因素价格指数来源于基准日的价格； ②基准日期后，因法律法规、规范标准等的变化，导致承包人在合同履行中所需要的工程成本发生约定以外的增减时，相应调整合同价款

项目	内容
调价条款	合同履行期间市场价格浮动对施工成本造成的影响是否允许调整合同价格,要视合同工期的长短来决定。 　　(1)简明施工合同的规定 　　适用于工期在12个月以内的简明施工合同的通用条款没有调价条款,承包人在投标报价中合理考虑市场价格变化对施工成本的影响,合同履行期间不考虑市场价格变化调整合同价款。 　　(2)标准施工合同的规定 　　工期12个月以上的施工合同,由于承包人在投标阶段不可能合理预测一年以后的市场价格变化,因此应设有调价条款,由发包人和承包人共同分担市场价格变化的风险。标准施工合同通用条款规定用公式法调价,但调整价格的方法仅适用于工程量清单中按单价支付部分的工程款,总价支付部分不考虑物价浮动对合同价格的调整

核心考点4　明确保险责任(必考指数★★★)

保险		内容
工程保险和第三者责任保险	办理保险的责任	(1)标准施工合同和简明施工合同的通用条款中考虑到承包人是工程施工的最直接责任人,因此均规定由承包人负责投保"建筑工程一切险""安装工程一切险"和"第三者责任保险",并承担办理保险的费用。具体的投保内容、保险金额、保险费率、保险期限等有关内容在专用条款中约定。承包人需要变动保险合同条款时,应事先征得发包人同意,并通知监理人。 　　(2)如果一个建设工程项目的施工采用平行发包的方式分别交由多个承包人施工,由几家承包人分别投保的话,有可能产生重复投保或漏保,此时由发包人投保为宜
	保险金不足的补偿	(1)如果投保工程一切险的保险金额少于工程实际价值,工程受到保险事件的损害时,不能从保险公司获得实际损失的全额赔偿,则损失赔偿不足部分按合同相应条款的约定,由该事件的风险责任方负责补偿。 　　(2)标准施工合同要求在专用条款具体约定保险金不足以赔偿损失时,承包人和发包人应承担的责任。如永久工程损失的差额由发包人补偿,临时工程、施工设备等损失由承包人负责

保险		内容
工程保险和第三者责任保险	未按约定投保的补偿	(1)如果负有投保义务的一方当事人未按合同约定办理保险,或未能使保险持续有效,另一方当事人可代为办理,所需费用由<u>对方当事人承担</u>。 (2)当负有投保义务的一方当事人未按合同约定办理某项保险,导致受益人未能得到保险人的赔偿,原应从该项保险得到的保险赔偿应由<u>负有投保义务的一方当事人</u>支付
人员工伤事故保险和人身意外伤害保险		发包人和承包人应按照相关法律规定为履行合同的本方人员缴纳工伤保险费,并分别为自己现场项目管理机构的所有人员投保人身意外伤害保险
其他保险		(1)承包人的施工设备保险:承包人应以自己的名义投保施工设备保险。 (2)进场材料和工程设备保险:通常情况下,应是谁采购的材料和工程设备,由谁办理相应的保险

重点提示:

本考点的重点集中在工程保险和第三者责任保险。其中,承包人办理保险和保险金不足的补偿涉及的要点是重中之重,重复进行考核的概率极高,是必须要掌握的内容。

核心考点5 发包人的义务(必考指数★★★)

义务		内容
提供施工场地	施工现场	发包人应及时完成施工场地的征用、移民、拆迁工作,并在开工后急需解决其遗留问题,同时按专用合同条款约定的时间和范围向<u>承包人提供施工场地</u>
	地下管线和地下设施的相关资料	<u>发包人</u>应按专用条款约定及时向承包人提供施工场地范围内<u>地下管线和地下设施等</u>有关资料。地下管线包括<u>供水、排水、供电、供气、供热、通信、广播电视</u>等的埋设位置,以及地下水文、地质等资料
	现场外的道路通行权	发包人应根据合同工程的施工需要,负责办理取得<u>出入施工场地的专用和临时道路的通行权</u>,以及取得为工程建设所需修建场外设施的权利,并承担有关费用

义务	内容
组织设计交底	发包人应根据合同进度计划,组织设计单位向承包人和监理人对提供的施工图纸和设计文件进行交底
约定开工时间	标准施工合同的通用条款中没有将开工时间作为合同条款,具体工程项目可根据实际情况在合同协议书或专用条款中约定

核心考点6 承包人的义务(必考指数★★★)

义务		内容
现场查勘		签订合同协议书后,承包人应对施工场地和周围环境进行查勘,核对发包人提供的有关资料,并进一步收集相关的地质、水文、气象条件、交通条件、风俗习惯以及其他为完成合同工作有关的当地资料,以便编制施工组织设计和专项施工方案
编制施工实施计划	施工组织设计	承包人应按合同约定的工作内容和施工进度要求,编制施工组织设计和施工进度计划。按照《建设工程安全生产管理条例》规定,在施工组织设计中应针对深基坑工程、地下暗挖工程、高大模板工程、高空作业工程、深水作业工程、大爆破工程的施工编制专项施工方案。对于前3项危险性较大的分部分项工程的专项施工,还需经5人以上专家论证
	质量管理体系	在施工场地设置专门的质量检查机构,配备专职质量检查人员,建立完善的质量检查制度。在合同约定的期限内,提交工程质量保证措施文件,包括质量检查机构的组织和岗位责任、质检人员的组成、质量检查程序和实施细则等,报送监理人审批
	环境保护措施计划	按合同约定的环保工作内容,编制施工环保措施计划,报送监理人审批
施工现场内的交通道路和临时工程		承包人应负责修建、维修、养护和管理施工所需的临时道路,以及为开始施工所需的临时工程和必要的设施
施工控制网		承包人依据发包人提供的测量基准点、基准线和水准点及其书面资料,根据国家测绘基准、测绘系统和工程测量技术规范以及合同中对工程精度的要求,测设施工控制网,并将施工控制网点的资料报送监理人审批
提出开工申请		承包人的施工前期准备工作满足开工条件后,向监理人提交工程开工报审表

职责		内容
审查承包人的实施方案	审查的内容	监理人对<u>承包人</u>报送的<u>施工组织设计</u>、<u>质量管理体系</u>、<u>环境保护措施进行认真的审查</u>，批准或要求承包人对不满足合同要求的部分进行修改
	审查进度计划	监理人审查后，应在专用条款约定的期限内，<u>批复或提出修改意见</u>，否则该进度计划视为<u>已得到批准</u>。经<u>监理人批准的施工进度计划称为"合同进度计划"</u>
	合同进度计划	(1)合同进度计划是控制合同工程进度的依据，对<u>承包人、发包人和监理人均有约束力</u>，不仅要求承包人按计划施工，还要求发包人的材料供应、图纸发放等不应造成施工延误，以及监理人应按照计划进行协调管理。 (2)合同进度计划的另一重要作用是，施工进度受到非承包人责任原因的干扰后，<u>判定是否应给承包人顺延合同工期的主要依据</u>
开工通知	发出开工通知的条件	当发包人的开工前期工作已完成且临近约定的开工日期时，应委托<u>监理人按专用条款约定的时间向承包人发出开工通知</u>
	发出开工通知的时间	监理人征得发包人同意后，应在开工日期 <u>7 日前</u>向承包人发出开工通知，合同工期自开工通知中载明的<u>开工日起计算</u>

第四节　施工合同履行管理

核心考点1　合同履行涉及的几个时间期限（必考指数★★）

时间期限	内容
合同工期	"合同工期"指承包人在投标函内承诺完成合同工程的时间期限，以及按照合同条款通过变更和索赔程序应给予顺延工期的时间之和
施工期	承包人施工期从监理人发出的开工通知中写明的开工日起算，至工程接收证书中写明的实际竣工日止

时间期限	内容
缺陷责任期	(1)缺陷责任期从<u>工程接收证书中写明的竣工日</u>开始起算,期限视具体工程的性质和使用条件的不同在专用条款内约定(一般为<u>1年</u>)。 (2)缺陷责任期内工程运行期间出现的工程缺陷,<u>承包人</u>应负责修复,直到检验合格为止。修复费用以缺陷原因的责任划分,经查验属于发包人原因造成的缺陷,承包人修复后可获得<u>查验、修复的费用及合理利润</u>。如果承包人不能在合理时间内修复缺陷,发包人可以自行修复或委托其他人修复,修复费用由<u>缺陷原因的责任方</u>承担。 (3)影响工程正常运行的有缺陷工程或部位,在修复检验合格日前已经过的时间归于无效,重新计算缺陷责任期,但包括延长时间在内的缺陷责任期最长时间不得超过<u>2年</u>
保修期	保修期自<u>实际竣工日</u>起算

核心考点2　可以顺延合同工期的情况（必考指数★）

项目	内容
发包人原因延长合同工期	通用条款中明确规定,由于发包人原因导致的延误,承包人有权获得<u>工期顺延和(或)费用加利润补偿</u>的情况包括: (1)增加合同工作内容; (2)改变合同中任何一项工作的质量要求或其他特性; (3)发包人迟延提供材料、工程设备或变更交货地点; (4)因发包人原因导致的暂停施工; (5)提供图纸延误; (6)未按合同约定及时支付预付款、进度款; (7)发包人造成工期延误的其他原因
异常恶劣的气候条件	按照通用条款的规定,出现专用合同条款约定的异常恶劣气候条件导致工期延误,承包人有权要求发包人<u>延长工期</u>。监理人处理气候条件对施工进度造成不利影响的事件时,应注意两条基本原则: (1)正确区分<u>气候条件对施工进度影响的责任</u>; (2)<u>异常恶劣气候条件的停工是否影响总工期</u>

核心考点 3　承包人原因的延误与发包人要求提前竣工（必考指数★★）

原因	内容
承包人原因的延误	专用条款说明中建议,违约金计算方法约定的日拖期赔偿额,可采用每天为多少钱或每天为签约合同价的千分之几;最高赔偿限额为签约合同价的 <u>3%</u>
发包人要求提前竣工	如果发包人根据实际情况向承包人提出提前竣工要求,由于涉及合同约定的变更,应与承包人通过协商达成提前竣工协议作为合同文件的组成部分。协议的内容应包括:<u>承包人修订进度计划及为保证工程质量和安全采取的赶工措施</u>;<u>发包人应提供的条件</u>;<u>所需追加的合同价款</u>;<u>提前竣工给发包人带来效益应给承包人的奖励</u>等

核心考点 4　暂停施工（必考指数★★）

项目		内容
承包人责任的暂停施工		(1)承包人违约引起的暂停施工。 (2)由于承包人原因为工程合理施工和安全保障所必需的暂停施工。 (3)承包人<u>擅自暂停施工</u>。 (4)承包人其他原因引起的暂停施工。 (5)专用合同条款约定由承包人承担的其他暂停施工
发包人责任的暂停施工		(1)发包人<u>未履行合同规定的义务</u>。 (2)<u>不可抗力</u>。 (3)<u>协调管理原因</u>。 (4)<u>行政管理部门的指令</u>
暂停施工程序	停工	不论由于何种原因引起的暂停施工,<u>监理人应与发包人和承包人</u>协商,采取有效措施积极消除暂停施工的影响。暂停施工期间由<u>承包人</u>负责妥善保护工程并提供安全保障
	复工	因发包人原因无法按时复工时,承包人有权要求<u>延长工期和(或)增加费用</u>,以及<u>合理利润</u>
紧急情况下的暂停施工		监理人应在接到书面请求后的 <u>24 小时</u>内予以答复,逾期未答复视为同意承包人的暂停施工请求

核心考点5 承包人的质量管理（必考指数★★★）

项目		内容
项目部的 人员管理		(1)质量检查制度:承包人应在施工场地设置专门的<u>质量检查机构</u>,<u>配备专职质量检查人员</u>,<u>建立完善的质量检查制度</u>。 (2)规范施工作业的操作程序:承包人应加强对施工人员的<u>质量教育和技术培训</u>,定期考核施工人员的<u>劳动技能</u>,严格执行<u>规范和操作规程</u>。 (3)撤换不称职的人员
质量 检查	材料和设 备的检验	按合同约定由监理人与承包人共同进行试验和检验的,<u>承包人</u>负责提供必要的试验资料和原始记录
	施工部位 的检查	承包人未通知监理人到场检查,私自将工程隐蔽部位覆盖,监理人有权指示承包人钻孔探测或揭开检查,由此增加的费用和(或)工期延误由<u>承包人</u>承担
	现场工艺 试验	对大型的现场工艺试验,监理人认为必要时,应由承包人根据监理人提出的工艺试验要求,编制工艺试验措施计划,报送<u>监理人</u>审批

核心考点6 监理人的质量检查和试验（必考指数★★★）

项目		内容
与承包人的共 同检验和试验		监理人应与承包人共同进行材料、设备的试验和工程隐蔽前的检验。收到承包人共同检验的通知后,监理人既未发出变更检验时间的通知,又未按时参加,承包人为了不延误施工可以单独进行检查和试验,将记录送交监理人后可继续施工。此次检查或试验视为监理人在场情况下进行,监理人应签字确认
监理人 指示的 检验和 试验	材料、设 备和工程 的重新检 验和试验	(1)监理人对承包人的试验和检验结果有疑问,或为查清承包人试验和检验成果的可靠性要求承包人重新试验和检验时,由<u>监理人与承包人</u>共同进行。 (2)重新试验和检验的结果证明该项材料、工程设备或工程的质量不符合合同要求,由此增加的费用和(或)工期延误由<u>承包人</u>承担;重新试验和检验结果证明符合合同要求,由<u>发包人</u>承担由此增加的费用和(或)工期延误,<u>并支付承包人合理利润</u>

项目		内容
监理人指示的检验和试验	隐蔽工程的重新检验	监理人对已覆盖的隐蔽工程部位质量有疑问时,可要求承包人对已覆盖的部位进行钻孔探测或揭开重新检验,承包人应遵照执行,并在检验后重新覆盖恢复原状。经检验证明工程质量符合合同要求,由发包人承担由此增加的费用和(或)工期延误,并支付承包人合理利润;经检验证明工程质量不符合合同要求,由此增加的费用和(或)工期延误由承包人承担

核心考点 7　对发包人提供的材料和工程设备管理（必考指数★）

项目	内容
要求	(1)承包人应根据合同进度计划的安排,向监理人报送要求发包人交货的日期计划。 (2)发包人应按照监理人与合同双方当事人商定的交货日期,向承包人提交材料和工程设备,并在到货7日前通知承包人。 (3)承包人会同监理人在约定的时间内,在交货地点共同进行验收。 (4)发包人提供的材料和工程设备验收后,由承包人负责接收、保管和施工现场内的二次搬运所发生的费用
责任承担	发包人提供的材料和工程设备的规格、数量或质量不符合合同要求,或由于发包人原因发生交货日期延误及交货地点变更等情况时,发包人应承担由此增加的费用和(或)工期延误,并向承包人支付合理利润

核心考点 8　通用条款中涉及支付管理的几个概念（必考指数★★★）

项目	内容
签约合同价	签约合同价指签订合同时合同协议书中写明的,包括了暂列金额、暂估价的合同总金额,即中标价
合同价格	合同价格即承包人完成施工、竣工、保修全部义务后的工程结算总价,包括履行合同过程中按合同约定进行的变更、价款调整、通过索赔应予补偿的金额

项目	内容
暂估价	暂估价指发包人在<u>工程量清单</u>中给出的,用于支付<u>必然发生但暂时不能确定价格的材料、设备以及专业工程的金额</u>。该笔款项<u>属于签约合同价的组成部分</u>,合同履行阶段一定发生,但招标阶段由于局部设计深度不够;质量标准尚未最终确定;投标时市场价格差异较大等原因,要求承包人按暂估价格报价部分,<u>合同履行阶段再最终确定该部分的合同价格金额</u>
暂列金额	暂列金额指已标价工程量清单中所列的一笔款项,用于在<u>签订协议书时尚未确定或不可预见变更的施工及其所需材料、工程设备、服务</u>等的金额,包括以<u>计日工方式支付的款项</u>
费用和利润	通用条款内对费用的定义为,履行合同所发生的或将要发生的<u>不计利润的所有合理开支</u>,包括管理费和应分摊的其他费用
质量保证金	发包人应按照合同约定方式预留保证金,保证金总预留比例不得高于工程价款结算总额的 <u>3%</u>。合同约定由承包人以银行保函替代预留保证金的,保函金额不得高于工程价款结算总额的 <u>3%</u>

重点提示:

(1) 签约合同价和合同价格的区别表现为:签约合同价是写在协议书和中标通知书内的<u>固定数额,作为结算价款的基数</u>;而合同价格是承包人最终完成全部施工和保修义务后应得的<u>全部合同价款</u>,包括施工过程中按照合同相关条款的约定,在<u>签约合同价基础上应给承包人补偿或扣减的费用之和</u>。

(2) 暂估价和暂列金额均属于包括在<u>签约合同价内</u>的金额,二者的区别表现为:暂估价是在招标投标阶段<u>暂时不能合理确定价格</u>,但合同履行阶段<u>必然发生</u>,发包人一定予以支付的款项;暂列金额则指招标投标阶段<u>已经确定价格</u>,监理人在合同履行阶段根据工程实际情况指示承包人完成相关工作后给予支付的款项。签约合同价内约定的<u>暂列金额可能全部使用或部分使用</u>,因此承包人<u>不一定能够全部获得支付</u>。

核心考点 9　外部原因引起的合同价格调整 （必考指数★★）

原因	调整
物价浮动的变化	施工工期 <u>12 个月</u>以上的工程，应考虑市场价格浮动对合同价格的影响，由<u>发包人和承包人分担</u>市场价格变化的风险。通用条款规定用公式法调价，但<u>仅适用于工程量清单中单价支付部分</u>。在调价公式的应用中，有以下几个基本原则： 　　（1）在每次支付工程进度款计算调整差额时，如果得不到现行价格指数，可<u>暂用上一次价格指数计算</u>，并在以后的付款中再按实际价格指数进行调整。 　　（2）由于变更导致合同中调价公式约定的权重变得不合理时，由<u>监理人与承包人和发包人协商后进行调整</u>。 　　（3）因非承包人原因导致工期顺延，原定竣工日后的支付过程中，调价公式继续有效。 　　（4）因承包人原因未在约定的工期内竣工，后续支付时应采用原约定竣工日与实际支付日的两个价格指数中，较低的一个作为支付计算的价格指数。 　　（5）人工、机械使用费按照国家或省、自治区、直辖市建设行政管理部门、行业建设管理部门或其授权的工程造价管理机构发布的人工成本信息、机械台班单价或机械使用费系数进行调整
法律法规的变化	基准日后，因法律、法规变化导致承包人的施工费用发生增减变化时，监理人根据法律、国家或省、自治区、直辖市有关部门的规定，监理人采用商定或确定的方式对合同价款进行调整

核心考点 10　工程量计量 （必考指数★）

项目	内容
单价子目的计量	对已完成的工程进行计量后，承包人向监理人提交进度付款申请单、已完成工程量报表和有关计量资料。监理人应在收到承包人提交的工程量报表后的 <u>7 日</u>内进行复核
总价子目的计量	（1）总价子目的计量和支付应以<u>总价</u>为基础，<u>不考虑市场价格浮动的调整</u>。 　　（2）除变更外，总价子目表中标明的工程量是用于结算的工程量，通常<u>不进行现场计量</u>，只进行<u>图纸计量</u>

> **重点提示：**
> 单价支付与总价支付的项目在计量和付款中有较大区别。单价子目已完成工程量按月计量；总价子目的计量周期按已批准承包人的支付分解报告确定。

核心考点 11　工程进度款的支付（必考指数★★）

项目	内容
进度付款申请单	承包人应在每个付款周期末，按监理人批准的格式和专用条款约定的份数，向监理人提交进度付款申请单，并附相应的支持性证明文件。通用条款中要求进度付款申请单的内容包括： (1)截至本次付款周期末已实施工程的价款； (2)变更金额； (3)索赔金额； (4)本次应支付的预付款和扣减的返还预付款； (5)本次扣减的质量保证金； (6)根据合同应增加和扣减的其他金额
进度款支付证书	(1)监理人在收到承包人进度付款申请单以及相应的支持性证明文件后的 14 日内完成核查。经发包人审查同意后，由监理人向承包人出具经发包人签认的进度付款证书。 (2)监理人有权扣发承包人未能按照合同要求履行任何工作或义务的相应金额，如扣除质量不合格部分的工程款等。 (3)通用条款规定，监理人出具的进度付款证书，不应视为监理人已同意、批准或接受了承包人完成的该部分工作，在对以往历次已签发的进度付款证书进行汇总和复核中发现错、漏或重复的，监理人有权予以修正，承包人也有权提出修正申请
进度款的支付	发包人应在监理人收到进度付款申请单后的 28 日内，将进度应付款支付给承包人

核心考点 12　施工安全管理（必考指数★★）

项目	内容
发包人的施工安全责任	（1）发包人应对其现场机构全部人员的工伤事故承担责任，但由于<u>承包人</u>原因造成发包人员工伤的，应由<u>承包人</u>承担责任。 （2）<u>发包人</u>应负责赔偿工程或工程的任何部分对土地的占用所造成的第三者财产损失
承包人的施工安全责任	（1）承包人应按合同约定的安全工作内容，<u>编制施工安全措施计划报送监理人审批</u>，按监理人的指示制定应对灾害的紧急预案，报送<u>监理人</u>审批。 （2）严格按照国家安全标准<u>制定施工安全操作规程</u>，<u>配备必要的安全生产和劳动保护设施</u>，加强对承包人人员的安全教育，并发放安全工作手册和劳动保护用具。 （3）承包人对其履行合同所雇佣的全部人员，包括<u>分包人人员的工伤事故承担责任</u>，但由于<u>发包人</u>原因造成承包人人员的工伤事故，应由<u>发包人</u>承担责任
安全事故处理程序	安全事故处理程序：通知→及时采取减损措施→报告

核心考点 13　变更的范围和内容、指示变更与申请变更（必考指数★）

项目	内容
变更的范围和内容	标准施工合同通用条款规定的变更范围包括： （1）<u>取消合同中任何一项工作</u>，但被取消的工作不能转由发包人或其他人实施； （2）改变合同中任何一项工作的<u>质量或其他特性</u>； （3）改变合同工程的<u>基线、标高、位置或尺寸</u>； （4）改变合同中任何一项工作的<u>施工时间或改变已批准的施工工艺或顺序</u>； （5）为完成工程需要追加的额外工作
监理人指示变更	监理人根据工程施工的实际需要或发包人要求实施的变更，可以进一步划分为<u>直接指示的变更和通过与承包人协商后确定的变更</u>两种情况

项目	内容
承包人申请变更	(1)承包人建议的变更:承包人提出的合理化建议使发包人获得了<u>降低工程造价</u>、<u>缩短工期</u>、<u>提高工程运行效益</u>等实际利益,应按专用合同条款中的约定给予奖励。 (2)承包人要求的变更:监理人收到承包人的书面建议后,应与发包人共同研究,确认存在变更的,应在收到承包人书面建议后的 <u>14 日</u>内做出变更指示

核心考点 14 变更估价和不利物质影响（必考指数★★）

项目	内容
变更估价的程序	(1)承包人应在收到变更指示或变更意向书后的 <u>14 日</u>内,向监理人提交变更报价书,详细开列变更工作的价格组成及其依据,并附必要的施工方法说明和有关图纸。 (2)监理人收到承包人变更报价书后的 <u>14 日</u>内,根据合同约定的估价原则,商定或确定变更价格
变更的估价原则	(1)已标价工程量清单中有适用于变更工作的子目,采用<u>该子目的单价</u>计算变更费用。 (2)已标价工程量清单中无适用于变更工作的子目,但有类似子目,可在合理范围内参照<u>类似子目</u>的单价,由<u>监理人商定或确定</u>变更工作的单价。 (3)已标价工程量清单中无适用或类似子目的单价,可按照成本加利润的原则,由<u>监理人商定或确定</u>变更工作的单价
不利物质条件的影响	不利物质条件属于<u>发包人</u>应承担的风险,指承包人在施工场地遇到的不可预见的自然物质条件、非自然的物质障碍和污染物,包括<u>地下和水文条件</u>,但不包括<u>气候条件</u>

重点提示:
不利物质条件的影响中的易考点也是易错点为:不包括气候条件。

核心考点 15　不可抗力（必考指数★★）

项目	内容
不可抗力事件	不可抗力是指承包人和发包人在订立合同时不可预见，在工程施工过程中不可避免发生并不能克服的自然灾害和社会性突发事件，如：<u>地震、海啸、瘟疫、水灾、骚乱、暴动、战争</u>和专用合同条款约定的其他情形
不可抗力造成的损失	通用条款规定，不可抗力造成的损失由发包人和承包人分别承担： 　　(1)<u>永久工程</u>，包括已运至施工场地的材料和工程设备的损害，以及因工程损害造成的第三者人员伤亡和财产损失由<u>发包人</u>承担； 　　(2)<u>承包人设备</u>的损坏由<u>承包人</u>承担； 　　(3)发包人和承包人各自承担其人员伤亡和其他财产损失及其相关费用； 　　(4)停工损失由<u>承包人</u>承担，但停工期间应监理人要求照管工程和清理、修复工程的金额由<u>发包人</u>承担； 　　(5)不能按期竣工的，应合理延长工期，承包人不需支付逾期竣工违约金。发包人要求赶工的，承包人应采取赶工措施，赶工费用由<u>发包人</u>承担
因不可抗力解除合同	合同解除后，已经订货的材料、设备由订货方负责退货或解除订货合同，不能退还的货款和因退货、解除订货合同发生的费用，由<u>发包人</u>承担，因未及时退货造成的损失由<u>责任方</u>承担

重点提示：

（1）上述不可抗力事件具体有哪些，一定要牢记。

（2）不可抗力造成的损由谁承担也是易错点，要注意区分。

核心考点 16　承包人的索赔（必考指数★★）

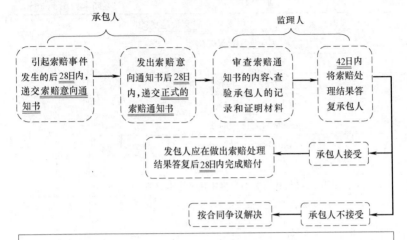

重点提示：

学习本考点，还要注意的一点是承包人提出索赔的期限。

（1）竣工阶段发包人接受了承包人提交并经监理人签认的竣工付款证书后，承包人不能再对施工阶段、竣工阶段的事项提出索赔要求。

（2）缺陷责任期满承包人提交的最终结清申请单中，只限于提出工程接收证书颁发后发生的索赔。提出索赔的期限至发包人接受最终结清证书时止，即合同终止后承包人就失去索赔的权利。

核心考点 17　标准施工合同中应给承包人补偿的条款（必考指数★★★）

主要内容	可补偿内容		
	工期	费用	利润
监理人的指示延误或错误指示	√	√	√
发包人提供的材料和工程设备不符合合同要求	√	√	√
基准资料的错误	√	√	√
增加合同工作内容	√	√	√
改变合同中任何一项工作的质量要求或其他特性	√	√	√

主要内容	可补偿内容		
	工期	费用	利润
<u>发包人迟延提供材料、工程设备或变更交货地点的</u>	√	√	√
因发包人原因导致的暂停施工	√	√	√
<u>提供图纸延误</u>	√	√	√
未按合同约定及时支付预付款、进度款	√	√	√
发包人原因的暂停施工	√	√	√
发包人原因无法按时复工	√	√	√
发包人原因导致工程质量缺陷	√	√	√
<u>隐蔽工程重新检验质量合格</u>	√	√	√
发包人提供的材料和设备不合格承包人采取补救	√	√	√
对材料或设备的重新试验或检验证明质量合格	√	√	√
<u>发包人提前占用工程导致承包人费用增加</u>	√	√	√
因发包人违约承包人暂停施工	√	√	√
<u>文物、化石</u>	√	√	
<u>不利的物质条件</u>	√	√	
<u>异常恶劣的气候条件</u>	√		
不可抗力不能按期竣工	√		
发包人提供的材料和工程设备提前交货		√	
附加浮动引起的价格调整		√	
<u>法规变化引起的价格调整</u>		√	
<u>不可抗力停工期间的照管和后续清理</u>		√	
发包人原因试运行失败,承包人修复		√	√

重点提示：

（1）上述划线部分为<u>重复考核概率较高</u>的点，需要格外注意。

（2）文物、化石和不利的物质条件仅补偿工期和费用。

（3）工期、费用和利润均补偿的情形较容易判断，可适当用排除法。

（4）特殊情形要结合上表归纳记忆。

核心考点 18　承包人的违约（必考指数★）

项目	内容
违约情况	(1)私自将将合同的<u>全部或部分权利转让</u>给其他人,将合同的<u>全部或部分义务转移</u>给其他人。 (2)未经<u>监理人</u>批准,私自将已按合同约定进入施工场地的施工设备、临时设施或材料撤离施工场地。 (3)使用不合格材料或工程设备,工程质量达不到标准要求,又拒绝清除不合格工程。 (4)未能按合同进度计划及时完成合同约定的工作,已造成或预期造成工期延误。 (5)缺陷责任期内未对工程接收证书所列缺陷清单的内容或缺陷责任期内发生的缺陷进行修复,又拒绝按监理人指示再进行修补。 (6)承包人无法继续履行或明确表示不履行或实质上已停止履行合同。 (7)承包人不按合同约定履行义务的其他情况
违约的处理	(1)发生承包人不履行或无力履行合同义务的情况时,<u>发包人可通知承包人立即解除合同</u>。 (2)对于承包人违反合同规定的情况,监理人应向承包人发出整改通知,要求其在指定的期限内改正。承包人应承担其违约所引起的费用增加和(或)工期延误。监理人发出整改通知 <u>28 日</u>后,承包人仍不纠正违约行为,发包人可向承包人发出解除合同通知

核心考点 19　发包人的违约（必考指数★）

项目	内容
违约情况	(1)发包人未能按合同约定支付预付款或合同价款,或拖延、拒绝批准付款申请和支付凭证,导致付款延误; (2)发包人原因造成停工的持续时间超过 <u>56 日</u>以上; (3)监理人无正当理由没有在约定期限内发出复工指示,导致承包人无法复工; (4)发包人无法继续履行或明确表示不履行或实质上已停止履行合同; (5)发包人不履行合同约定的其他义务

项目	内容
违约 的处理	(1)除了发包人不履行合同义务或无力履行合同义务的情况外,承包人向发包人发出通知,要求发包人采取有效措施纠正违约行为。发包人收到承包人通知后的<u>28日</u>内仍不履行合同义务,承包人有权暂停施工,并通知<u>监理人</u>,<u>发包人应承担由此增加的费用和(或)工期延误,并支付承包人合理利润</u>。 (2)承包人暂停施工<u>28日</u>后,发包人仍不纠正违约行为,承包人可向发包人发出解除合同通知。但承包人的这一行为<u>不免除发包人应承担的违约责任</u>,<u>也不影响承包人根据合同约定享有的索赔权利</u>

核心考点20 单位工程验收（必考指数★）

项目	内容
验收的情况	合同工程全部完工前进行单位工程验收和移交,可能涉及以下三种情况: (1)专用条款内约定了某些单位工程分部移交; (2)发包人在全部工程竣工前希望使用已经竣工的单位工程,提出单位工程提前移交的要求,以便获得部分工程的运行收益; (3)承包人从后续施工管理的角度出发而提出单位工程提前验收的建议,并经<u>发包人</u>同意
验收后的管理	验收合格后,由<u>监理人</u>向承包人出具经发包人签认的<u>单位工程验收证书</u>。单位工程的验收成果和结论作为全部工程竣工验收申请报告的附件。移交后的单位工程由<u>发包人</u>负责照管

核心考点21 合同工程的竣工验收（必考指数★★）

项目	内容
监理人审查竣 工验收报告	监理人审查申请报告的各项内容,认为工程尚不具备竣工验收条件时,应在收到竣工验收申请报告后的<u>28日</u>内通知承包人
竣工验收	竣工验收合格,监理人应在收到竣工验收申请报告后的<u>56日</u>内,向承包人出具经发包人签认的工程接收证书。以<u>承包人提交竣工验收申请报告的日期</u>为实际竣工日期,并在工程接收证书中写明

项目	内容
延误进行 竣工验收	发包人在收到承包人竣工验收申请报告 <u>56</u> 日后未进行 验收,视为验收合格

核心考点 22　竣工清场（必考指数★）

项目	内容
承包人的清 场义务	(1)施工场地内残留的垃圾已全部清除出场。 (2)临时工程已拆除,场地已按合同要求进行<u>清理、平整</u> <u>或复原</u>。 (3)按合同约定应<u>撤离的承包人设备和剩余的材料</u>,包括 废弃的施工设备和材料,已按计划撤离施工场地。 (4)<u>工程建筑物周边及其附近道路、河道的施工堆积物,</u> <u>已按监理人指示全部清理</u>。 (5)监理人指示的其他<u>场地清理工作已全部完成</u>
承包人未按规 定完成的责任	承包人未按监理人的要求恢复临时占地,或者场地清理 未达到合同约定,发包人有权委托其他人恢复或清理,所发 生的金额从<u>拟支付给承包人的款项</u>中扣除

核心考点 23　缺陷责任期管理（必考指数★★）

项目	内容
监理人颁发缺陷 责任终止证书	缺陷责任期满,包括延长的期限终止后 <u>14</u> 日内,由 监理人向承包人出具经发包人签认的缺陷责任期终止 证书,并退还剩余的质量保证金
最终结清	承包人提交最终结清申请单→签发最终结清证书→ 最终支付→结清单生效

> **重点提示:**
> 　　承包人收到发包人最终支付款后结清单生效。结清单生效即
> 表明合同终止,承包人不再拥有索赔的权利。

第七章　建设工程总承包合同管理

第一节　工程总承包合同特点

核心考点　设计施工总承包合同方式的优点与不足（必考指数★★★）

项目	内容
优点	(1)单一的合同责任。 (2)固定工期、固定费用。 (3)可以缩短建设周期。 (4)减少设计变更。 (5)减少承包人的索赔
不足	(1)设计不一定是最优方案。 (2)减弱实施阶段发包人对承包人的监督和检查

第二节　工程总承包合同有关各方管理职责

核心考点　工程总承包合同有关各方管理职责（必考指数★★★）

主体		管理职责
发包人		发包人应按合同约定向承包人及时支付合同价款，并按专用合同条款的约定是否实施工程款支付担保
承包人	联合体承包人	(1)总承包合同的承包人可以是独立承包人，也可以是联合体。 (2)对于联合体的承包人，合同履行过程中发包人和监理人仅与联合体牵头人或联合体授权的代表联系。 (3)由于联合体的组成和内部分工是评标中很重要的评审内容，联合体协议经发包人确认后已作为合同附件，因此通用条款规定，履行合同过程中，未经发包人同意，承包人不得擅自改变联合体的组成和修改联合体协议

主体		管理职责
承包人	分包工程	尽管委托分包人的招标工作由承包人完成,发包人也不是分包合同的当事人,但为了保证工程项目完满实现发包人预期的建设目标,通用条款中对工程分包做了如下的规定: 　　(1)承包人<u>不得将其承包的全部工程转包给第三人</u>,也<u>不得将其承包的全部工程肢解后以分包的名义分别转包给第三人</u>。 　　(2)<u>分包工作需要征得发包人同意</u>。除发包人已同意投标文件中说明的分包外,合同履行过程中承包人还需要分包的工作,仍应征得发包人同意。 　　(3)<u>承包人不得将设计和施工的主体、关键性工作的施工分包给第三人</u>。要求承包人是具有实施工程设计和施工能力的合格主体,而非皮包公司。 　　(4)<u>分包人的资格能力应与其分包工作的标准和规模相适应,其资质能力的材料应经监理人审查</u>。 　　(5)发包人同意分包的工作,承包人应向<u>发包人和监理人提交分包合同副本</u>
监理人		(1)监理人受发包人委托,享有合同约定的权力,其所发出的任何指示应视为已得到<u>发包人</u>的批准。 　　(2)发包人应在发出开始工作通知前将总监理工程师的任命通知承包人。总监理工程师更换时,应提前<u>14 日</u>通知承包人。总监理工程师超过 <u>2 日</u>不能履行职责的,应委派代表代行其职责,并通知承包人。 　　(3)承包人对总监理工程师授权的监理人员发出的指示有疑问时,可在该指示发出的 48 小时内向总监理工程师提出书面异议,总监理工程师应在 48 小时内对该指示予以确认、更改或撤销

第三节　工程总承包合同订立

核心考点 1　设计施工总承包合同文件的组成及解释顺序（必考指数★★）

　　在标准总承包合同的通用条款中规定，履行合同过程中，构成

116

对发包人和承包人有约束力合同的组成文件包括：

（1）合同协议书；

（2）中标通知书；

（3）投标函及投标函附录；

（4）专用条款；

（5）通用合同条款；

（6）发包人要求；

（7）承包人建议书；

（8）价格清单；

（9）其他合同文件——经合同当事人双方确认构成合同文件的其他文件。

合同的各文件中出现含义或内容的矛盾时，如果专用条款没有另行的约定，以上合同文件序号为优先解释的顺序。

核心考点2　设计施工总承包合同文件的含义（必考指数★★★）

项目	内容
发包人要求	(1)功能要求。 (2)工程范围。 (3)工艺安排或要求。 (4)时间要求：开始工作时间；设计完成时间；进度计划；竣工时间；缺陷责任期和其他时间要求。 (5)技术要求：设计阶段和设计任务；设计标准和规范；技术标准和要求；质量标准；设计、施工和设备监造、试验；样品；发包人提供的其他条件。 (6)竣工试验。 (7)竣工验收。 (8)竣工后试验(如有)。 (9)文件要求。 (10)工程项目管理规定。 (11)其他要求
承包人建议书	承包人建议书是对"发包人要求"的响应文件,包括承包人的工程设计方案和设备方案的说明；分包方案；对发包人要求中的错误说明等内容

项目	内容
价格清单	<u>价格清单</u>是指承包人完成所提投标方案计算的<u>设计</u>、<u>施工</u>、<u>竣工</u>、<u>试运行</u>、缺陷责任期各阶段的计划费用,清单价格费用的总和为<u>签约合同价</u>
知识产权	(1)承包人在投标文件中采用专利技术的,<u>专利技术的使用费包含在投标报价内</u>。 (2)承包人在进行设计,以及使用任何材料、承包人设备、工程设备或采用施工工艺时,因侵犯专利权或其他知识产权所引起的责任,由<u>承包人</u>自行承担

核心考点3　订立合同时需要明确的内容（必考指数★★★）

项目	内容
承包人文件	承包人文件中最主要的是<u>设计文件</u>
"发包人要求"中出现错误或违法情况的责任承担	无条件补偿条款:承包人复核时未发现发包人要求的错误,<u>发包人</u>应承担由此增加的<u>费用</u>和(或)<u>工期</u>延误,并向承包人支付合理<u>利润</u>
	有条件补偿条款: (1)发现错误,通知发包人后,<u>发包人</u>坚持不做修改的,对确实存在错误造成的损失,应补偿承包人增加的<u>费用</u>和(或)顺延合同<u>工期</u>。 (2)未发现错误,<u>承包人</u>自行承担由此导致增加的<u>费用和(或)</u><u>工期延误</u>
不可预见物质条件	不可预见物质条件涉及的范围与标准施工合同相同,但通用条款中对风险责任承担的规定有两个供选择的条款:此风险由承包人承担;由发包人承担。<u>双方应当明确本合同选用哪一条款的规定</u>
竣工后试验	竣工后试验是指<u>工程竣工移交后</u>,<u>在缺陷责任期内投入运行期间</u>,对工程的各项功能的技术指标是否达到合同规定要求而进行的试验。由于发包人已接受工程并进入运行期,因此试验所必需的<u>电力</u>、<u>设备</u>、<u>燃料</u>、<u>仪器</u>、<u>劳力</u>、<u>材料</u>等由<u>发包人</u>提供

重点提示：

（1）无论承包人复核时发现与否，由于以下资料的错误，导致承包人增加费用和（或）延误的工期，均由<u>发包人</u>承担，并向承包人支付<u>合理利润</u>：

① 发包人要求中引用的原始数据和资料；

② 对工程或其任何部分的功能要求；

③ 对工程的工艺安排或要求；

④ 试验和检验标准；

⑤ 除合同另有约定外，承包人无法核实的数据和资料。

（2）助记：发包人要求中引用的<u>原始数据和资料</u>；<u>功能要求</u>；<u>工艺安排或要求</u>；<u>试验和检验标准</u>；承包人无法核实的数据和资料。

核心考点4　工程总承包合同订立中的保险责任（必考指数★★★）

项目		内容
承包人办理保险	投保的险种	（1）承包人按照专用条款的约定向双方同意的保险人投保建设工程<u>设计责任险</u>、<u>建筑工程一切险</u>或<u>安装工程一切险</u>。 （2）承包人按照专用条款约定投保第三者责任险的担保期限，应保证<u>颁发缺陷责任期终止证书</u>前一直有效。 （3）承包人应为其履行合同所雇佣的全部人员投保<u>工伤保险和人身意外伤害保险</u>，并要求<u>分包人</u>也投保此项保险
	保险合同条款的变动	承包人需要变动保险合同条款时，应事先征得<u>发包人</u>同意，并通知<u>监理人</u>。对于保险人做出的变动，承包人应在收到保险人通知后立即通知<u>发包人和监理人</u>
	未按约定投保的补救	如果承包人未按合同约定办理设计和工程保险、第三者责任保险，或未能使保险持续有效时，发包人可代为办理，所需费用由<u>承包人</u>承担
发包人办理保险		发包人应为其现场机构雇佣的<u>全部人员</u>投保<u>工伤保险和人身意外伤害保险</u>，并要求<u>监理人</u>也进行此项保险

第四节　工程总承包合同履行管理

核心考点1　设计工作的合同管理（必考指数★★）

项目		内容
承包人的设计义务	设计满足标准规范的要求	承包人完成设计工作所应遵守的法律规定，以及国家、行业和地方规范和标准，均应采用<u>基准日适用的版本</u>
	设计应符合合同要求	承包人的设计应遵守发包人要求和承包人建议书的约定，保证设计质量。如果发包人要求中的质量标准高于现行规范规定的标准，应以<u>合同约定</u>为准
	设计进度管理	承包人应按照发包人要求，在合同进度计划中专门列出设计进度计划，报发包人批准后执行。设计的实际进度滞后计划进度时，发包人或监理人有权要求承包人提交修正的进度计划、增加投入资源并加快设计进度
设计审查	发包人审查	自监理人收到承包人的设计文件之日起，对承包人的设计文件审查期限不超过<u>21日</u>
	有关部门的设计审查	设计文件需政府有关部门审查或批准的工程，发包人应在审查同意承包人的设计文件后<u>7日</u>内，向政府有关部门报送设计文件，承包人予以协助

核心考点2　顺延合同工期的情况（必考指数★）

主体	原因
发包人	（1）变更。 （2）未能按照合同要求的期限对承包人文件进行审查。 （3）因发包人原因导致的暂停施工。 （4）未按合同约定及时支付预付款、进度款。 （5）发包人提供的基准资料错误。 （6）发包人采购的材料、工程设备延误到货或变更交货地点。 （7）发包人未及时按照"发包人要求"履行相关义务。 （8）发包人造成工期延误的其他原因

主体	原因
政府管理部门	按照法律法规的规定,合同约定范围内的工作需国家有关部门审批时,发包人、承包人应按照合同约定的职责分工完成行政审批的报送。因国家有关部门审批迟延造成费用增加和(或)工期延误,由<u>发包人</u>承担

核心考点3　工程进度付款（必考指数★）

项目	内容
支付分解表	承包人应当在收到<u>经监理人</u>批复的合同进度计划后<u>7日</u>内,将支付分解报告以及形成支付分解报告的支持性资料报监理人审批。承包人应根据价格清单的<u>价格构成</u>、<u>费用性质</u>、<u>计划发生时间和相应工作量等</u>因素,对拟支付的款项进行<u>分解并编制支付分解表</u>。分类和分解原则是: 　　(1)勘察设计费。<u>按照提交勘察设计阶段性成果文件的时间、对应的工作量进行分解</u>。 　　(2)材料和工程设备费。分别按<u>订立采购合同</u>、<u>进场验收合格</u>、<u>安装就位</u>、<u>工程竣工等</u>阶段和专用条款约定的比例进行分解。 　　(3)技术服务培训费。按照价格清单中的单价,结合合同进度计划<u>对应</u>的工作量进行分解。 　　(4)其他工程价款。按照价格清单中的价格,结合合同进度计划拟完成的工程量或者比例进行分解
付款时间	除专用条款另有约定外,工程进度付款<u>按月支付</u>
监理人审查	<u>监理人</u>在收到承包人进度付款申请单以及相应的支持性证明文件后的<u>14日</u>内完成审核,提出发包人到期应支付给承包人的金额以及相应的支持性材料,经发包人审批同意后,由<u>监理人向承包人出具经发包人签认的进度付款证书</u>
发包人支付	发包人最迟应在监理人收到进度付款申请单后的<u>28日</u>内,将进度应付款支付给承包人

核心考点 4　合同变更的程序（必考指数★）

项目	内容
监理人指示的变更	(1)发出变更意向书。 (2)承包人同意变更:承包人按照<u>变更意向书</u>的要求,提交包括拟实施变更工作的设计、计划、措施和竣工时间等内容的实施方案。发包人同意承包人的变更实施方案后,由<u>监理人</u>发出变更指示。 (3)承包人不同意变更:承包人收到监理人的变更意向书后认为难以实施此项变更时,<u>应立即通知监理人</u>,说明原因并附详细依据。<u>监理人与承包人和发包人</u>协商后,确定撤销、改变或不改变原变更意向书
监理人发出文件的内容构成变更	监理人收到<u>承包人书面建议与发包人</u>共同研究后,确认存在变更时,应在收到承包人书面建议后的 <u>14 日</u>内做出变更指示;不同意作为变更的,应书面答复承包人
承包人提出的合理化建议	(1)履行合同过程中,承包人可以<u>书面形式向监理人提交</u>改变"发包人要求"文件中有关内容的合理化建议书。合理化建议书的内容应包括<u>建议工作的详细说明</u>、<u>进度计划和效益以及与其他工作的协调</u>等,并附必要的设计文件。 (2)<u>监理人应与发包人协商</u>是否采纳承包人的建议。建议被采纳并构成变更,由<u>监理人向承包人</u>发出变更指示

核心考点 5　设计施工总承包合同通用条款中，可以给承包人补偿的条款（必考指数★★★）

主要内容	可补偿内容		
	工期	费用	利润
未能按时提供文件	√	√	√
发包人要求中的错误	√	√	√
发包人要求违法	√	√	√
<u>监理人的指示延误、错误</u>	√	√	√
发包人原因影响设计进度	√	√	√
<u>发包人提供的材料、设备延误</u>	√	√	√
基准资料错误	√	√	√
发包人原因未能按时发出开始工作通知	√		√

主要内容	可补偿内容		
	工期	费用	利润
发包人原因的工期延误	√	√	√
发包人原因指示的暂停工作	√	√	√
发包人原因承包人的暂停工作	√	√	√
发包人原因承包人无法复工	√	√	√
发包人原因造成质量不合格	√	√	√
隐蔽工程的重新检查证明质量合格	√	√	√
重新试验表明材料、设备、工程质量合格	√	√	√
发包人提前接收区段对承包人施工的影响	√	√	√
不可抗力的工程照管、清理、修复	√	√	
化石、文物	√	√	
争议评审组对监理人确定的修改	√	√	
不可预见物质条件	√	√	
发包人提供的材料、设备不符合要求	√	√	
异常恶劣的气候条件	√	√	
行政审批延误	√	√	
缺陷责任期内非承包人原因缺陷的修复		√	√
发包人违约解除合同		√	√
为他人提供方便		√	
发包人要求提前交货		√	
法律变化引起的调整	商定或确定处理		

重点提示：

需要特别记忆的是：只补偿工期和费用，但不补偿利润的有哪些：①化石、文物；②不可预见物质条件；③异常恶劣的气候条件；④争议评审组对监理人确定的修改；⑤发包人提供的材料、设备不符合要求；⑥行政审批延误。该处是考题设置的关键点。

三项均补偿的情形较容易判断，可适当用排除法。

核心考点6 竣工验收的合同管理 （必考指数★★）

项目	内容
承包人申请竣工试验	承包人应提前21日将申请竣工试验的通知送达监理人，并按照专用条款约定的份数，向监理人提交竣工记录、暂行操作和维修手册。监理人应在14日内，确定竣工试验的具体时间
竣工试验程序	第一阶段，承包人进行适当的检查和功能性试验； 第二阶段，承包人进行试验，保证工程或区段工程满足合同要求； 第三阶段，当工程能安全运行时，承包人应通知监理人，可以进行其他竣工试验，包括各种性能测试，以证明工程符合发包人要求中列明的性能保证指标。 某项竣工试验未能通过时，承包人应按照监理人的指示限期改正，并承担合同约定的相应责任。竣工试验通过后，承包人应按合同约定进行工程及工程设备试运行
工程竣工应满足的条件	(1)除监理人同意列入缺陷责任期内完成的尾工(甩项)工程和缺陷修补工作外，合同范围内的全部区段工程以及有关工作，包括合同要求的试验和竣工试验均已完成，并符合合同要求。 (2)已按合同约定的内容和份数备齐了符合要求的竣工文件。 (3)已按监理人的要求编制了在缺陷责任期内完成的尾工(甩项)工程和缺陷修补工作清单以及相应施工计划。 (4)监理人要求在竣工验收前应完成的其他工作。 (5)监理人要求提交的竣工验收资料清单
竣工验收	经验收合格工程，监理人经发包人同意后向承包人签发工程接收证书。证书中注明的实际竣工日期，以提交竣工验收申请报告的日期为准

核心考点7 缺陷责任期管理 （必考指数★★★）

项目		内容
承包人修复工程缺陷	义务	(1)缺陷责任期内，发包人对已接收使用的工程负责日常维护工作。发包人在使用过程中，发现已接收的工程存在新的缺陷或已修复的缺陷部位或部件又遭损坏，由承包人负责修复，直至检验合格为止。 (2)承包人不能在合理时间内修复的缺陷，发包人可自行修复或委托其他人修复，所需费用和利润按缺陷原因的责任方承担
	延长	缺陷责任期最长不超过2年

124

项目	内容
竣工后试验	(1)对于大型工程为了检验承包人的设计、设备选型和运行情况等的技术指标是否满足合同的约定，通常在缺陷责任期内<u>工程稳定运行一段时间后</u>，在专用条款约定的时间内进行竣工后试验。竣工后试验按专用条款的约定由<u>发包人或承包人</u>进行。 (2)发包人进行竣工试验：由于工程已由投入正式运行，发包人应将竣工后试验的日期提前 <u>21 日</u>通知承包人。 (3)承包人进行竣工试验：发包人应提前 <u>21 日</u>将竣工后试验的日期<u>通知承包人</u>。承包人应在<u>发包人</u>在场的情况下，进行竣工后试验

第八章　建设工程材料设备
采购合同管理

第一节　材料设备采购合同特点及分类

核心考点 1　材料设备采购合同的概念和特点（必考指数★）

项目		内容
概念		是出卖人**转移建设工程材料设备的所有权**于买受人，买受人支付价款的合同
特点	一般特点	是以转移财产所有权为目的；买受人支付价款取得财产所有权，出卖人收到价款转移财产所有权；是**双务、有偿**合同；是**诺成**合同
	当事人	**买受人即采购人，可以是发包人，也可能是承包人**，依据合同的承包方式来确定。永久工程的大型设备一般情况下由**发包人**采购
	标的	**品种繁多，供货条件差异较大**
	内容	合同的条款一般限于**物资交货阶段**，主要涉及交接程序、检验方式、质量要求和合同价款的支付等。大型设备的采购，除了交货阶段的工作外，往往还需包括设备生产制造阶段、设备安装调试阶段、设备试运行阶段、设备性能达标检验和保修等方面的条款约定
	供应的时间	出卖人必须严格按照合同约定的时间交付订购的货物

重点提示：
　　一般特点是买卖合同所具有的特点，其他四个特点是材料采购合同独有的特点。

核心考点 2　材料设备采购合同的分类（必考指数★★）

划分依据	分类
标的不同	可以分为<u>材料采购合同和设备采购合同</u>
履行时间不同	可以分为即时买卖合同和非即时买卖合同。非即时买卖合同**比较常见的是货样买卖、试用买卖、分期交付买卖和分期付款买卖等**。

划分依据	分类
履行时间不同	货样买卖,是指当事人双方按照货样或样本所显示的质量进行交易。<u>凭样品买卖的当事人应当封存样品,并可以对样品质量予以说明。</u>试用买卖,是指出卖人允许买受人试验其标的物、买受人认可后再支付价款的交易。<u>试用买卖的当事人可以约定标的物的试用期间,试用买卖的买受人在试用期内可以购买标的物,也可以拒绝购买。试用期间届满,买受人对是否购买标的物未作表示的,视为购买</u>
合同订立方式不同	可以分为<u>竞争买卖合同和自由买卖合同</u>。竞争买卖包括招标投标和拍卖。在建设工程领域,一般都是通过招标投标进行竞争。竞争买卖以外的交易则是自由买卖

重点提示:

(1)首先需要掌握三种不同的分类方式具体可以分为哪几种。

(2)重点掌握货样买卖与试用买卖的相关内容。

核心考点3 材料设备采购合同解释合同文件的优先顺序(必考指数★)

合同协议书→中标通知书→投标函→商务和技术偏差表→专用合同条款→通用合同条款→供货要求→分项报价表→中标材料质量标准的详细描述→相关服务计划→其他合同文件。

重点提示:
主要掌握前8个文件的解释顺序。

第二节　材料采购合同履行管理

核心考点 1　材料采购合同的价格与支付（必考指数★★）

项目	内容
合同价格	供货周期<u>不超过 12 个月</u>的签约合同价为固定价格。供货周期<u>超过 12 个月</u>且合同材料交付时材料价格变化超过专用合同条款约定的幅度的,双方应对合同价格进行调整
预付款	买方在收到卖方开具的注明应付预付款金额的财务收据并经审核无误后 <u>28 日内</u>,向卖方支付签约合同价的 <u>10%</u>作为预付款
进度款	买方在收到卖方提交的下列单据并经审核无误后 28 日内,应向卖方支付至该批次合同材料的合同价格的 95%的进度款:(1)卖方出具的<u>交货清单</u>正本一份;(2)买方签署的<u>收货清单</u>正本一份;(3)制造商出具的<u>出厂质量合格证</u>正本一份;(4)合同材料验收证书或进度款支付函正本一份;(5)合同价格 <u>100%</u>金额的增值税发票正本一份
结清款	全部合同材料质量<u>保证期</u>届满后,买方在收到卖方提交的由买方签署的质量保证期届满证书并经审核无误后 <u>28 日内</u>,向卖方支付合同价格 5%的结清款

> **重点提示:**
> 要掌握这几个数字。

核心考点 2　材料采购合同的包装、标记、运输和交付（必考指数★★）

项目	内容
包装	买方无需将包装物退还给卖方
标记	卖方以不可擦除的、明显的方式作出必要的标记。如果合同材料中含有易燃易爆物品、腐蚀物品、放射性物质等危险品,卖方应标明<u>危险品标志</u>
运输	卖方应在合同材料预计<u>启运 7 日前</u>,将合同材料名称、装运材料数量、重量、体积(用 m^3 表示)、合同材料单价、总金额、运输方式、预计交付日期和合同材料在装卸、保管中的注意事项等预通知买方,并在合同材料<u>启运后 24 小时之内</u>正式通知买方

包装	买方无需将包装物退还给卖方
交付	卖方应根据合同约定的交付时间和批次在施工场地卸货后将合同材料交付给买方,买方签发收货清单<u>不代表对合同材料的接受</u>,合同材料的所有权和风险自交付时起<u>由卖方转移至买方</u>,合同材料交付给买方之前包括运输在内的所有风险均<u>由卖方承担</u>

核心考点 3 材料采购合同的检验和验收（必考指数★★）

项目	内容
卖方的检验	合同材料交付前,卖方应对其进行全面检验,并在交付合同材料时向买方提交合同材料的<u>质量合格证书</u>
买方的检验	合同材料交付后,买方应对合同材料的规格、质量等进行检验,检验按照下列一种方式进行:(1)由<u>买方</u>对合同材料进行检验;(2)由专用合同条款约定的<u>拥有资质的第三方检验机构</u>对合同材料进行检验
检验日期与地点	买方应在检验日期 <u>3 日前</u>将检验的时间和地点通知卖方,卖方应自负费用派遣代表参加检验。若卖方未按买方通知到场参加检验,则检验可正常进行,卖方应接受对合同材料的检验结果。 　　除专用合同条款另有约定外,买方在全部合同材料<u>交付后 3 个月内</u>未安排检验和验收的,卖方可签署进度款支付函提交买方,如买方在收到后 <u>7 日内</u>未提出书面异议,则进度款支付函自签署之日起生效。进度款支付函的生效<u>不免除卖方继续配合买方进行检验和验收的义务</u>
检验合格	合同材料经检验合格,买卖双方应签署<u>合同材料验收证书</u>,合同材料由第三方检验机构进行检验的,第三方检验机构的检验结果<u>对双方均具有约束力</u>。合同材料验收证书的签署<u>不能免除</u>卖方在质量保证期内对合同材料应承担的保证责任

重点提示:

(1)该考点的几个证书需要掌握什么时间签署、由哪方来签署。

(2)还需要注意签署证书后是否可以免除责任的规定。

130

核心考点 4 材料采购合同的违约责任（必考指数★★）

项目	内容
承担方式	继续履行、采取补救措施或者赔偿损失
卖方迟延交货违约金	卖方未能按时交付合同材料的，应向买方支付迟延交货违约金。卖方支付迟延交货违约金，不能免除其继续交付合同材料的义务。延迟交付违约金＝延迟交付材料金额×0.08%×延迟交货天数。迟延交付违约金的最高限额为合同价格的10%
买方延迟付款违约金	买方未能按合同约定支付合同价款的，应向卖方支付延迟付款违约金。延迟付款违约金＝延迟付款金额×0.08%×延迟付款天数。迟延付款违约金的总额不得超过合同价格的10%

重点提示：

(1) 三种承担方式很容易考核多项选择题。

(2) 要掌握违约金的计算公式，以及对违约金的最高限额的规定。

第三节 设备采购合同履行管理

核心考点 1 设备采购合同的合同价格与支付（必考指数★★）

项目	内容
合同价格	除专用合同条款另有约定外，签约合同价为固定价格
预付款	合同生效后，买方在收到卖方开具的注明应付预付款金额的财务收据正本一份并经审核无误后28日内，向卖方支付签约合同价的10%作为预付款
交货款	卖方按合同约定交付全部合同设备后，买方在收到卖方提交的下列全部单据并经审核无误后28日内，向卖方支付合同价格的60%：(1)卖方出具的交货清单正本一份；(2)买方签署的收货清单正本一份；(3)制造商出具的出厂质量合格证正本一份；(4)合同价格100%金额的增值税发票正本一份

项目	内容
验收款	买方在收到卖方提交的买卖双方签署的合同设备验收证书或已生效的验收款支付函正本一份并经审核无误后 28 日内,向卖方支付合同价格的 25%
结清款	买方在收到卖方提交的买方签署的质量保证期届满证书或已生效的结清款支付函正本一份,并经审核无误后 28 日内,向卖方支付合同价格的 5%

重点提示:

(1) 这些数字是需要掌握的内容。

(2) 四个单据一定要记清楚。

核心考点 2 设备采购合同的监造(必考指数★)

项目	内容
监造人员	买方可派出监造人员
提供条件及费用承担	买方监造人员可到合同设备及其关键部件的生产制造现场进行监造,卖方应予配合。卖方应免费为买方监造人员提供包括但不限于必要的办公场所、技术资料、检测工具及出入许可等。买方监造人员的交通、食宿费用由买方承担
通知	卖方应提前 7 日将需要买方监造人员现场监造事项通知买方
不符合合同约定的处理	买方监造人员在监造中如发现合同设备及其关键部件不符合合同约定的标准,则有权提出意见和建议。卖方应采取必要措施消除合同设备的不符,由此增加的费用和(或)造成的延误由卖方负责
确认	买方监造人员对合同设备的监造,不视为对合同设备质量的确认

核心考点 3 设备采购合同的交货前检验(必考指数★★)

项目	内容
约定	专用合同条款可以约定买方参与交货前检验
费用承担	买方代表的交通、食宿费用由买方承担,其他费用由卖方承担

项目	内容
通知	卖方应提前 7 日将需要买方代表检验事项通知买方;如买方代表未按通知出席,<u>不影响</u>合同设备的检验。 若卖方未依照合同约定提前通知买方而自行检验,则买方有权要求卖方暂停发货并重新进行检验,由此增加的费用和(或)造成的延误由<u>卖方负责</u>
不符合合同约定的处理	买方代表在检验中如发现合同设备不符合合同约定的标准,则有权提出异议。卖方应采取必要措施消除合同设备的不符,由此增加的费用和(或)造成的延误由<u>卖方负责</u>
确认	买方代表参与交货前检验及签署交货前检验记录的行为,<u>不视为</u>对合同设备质量的确认

重点提示:

(1) 本节的核心考点 2 和 3 对照学习,更容易掌握。

(2) 要掌握责任由哪方来承担。

核心考点 4　设备采购合同的包装、标记、运输、交付（必考指数 ★★★）

项目	内容
包装	每个独立包装箱内应附<u>装箱清单、质量合格证、装配图、说明书、操作指南</u>等资料
标记	卖方应在每一包装箱相邻的四个侧面以<u>不可擦除的、明显的方式</u>标记必要的装运信息和标记
运输	卖方应在合同设备预计启运 <u>7 日前</u>预通知买方,并在合同设备启运后 <u>24 小时之内</u>正式通知买方
交付	买方对卖方交付的包装的合同设备的外观及件数进行清点核验后应签发<u>收货清单</u>,并自负风险和费用进行卸货。 买方签发收货清单<u>不代表</u>对合同设备的接受,双方还应按合同约定进行后续的检验和验收。 合同设备的所有权和风险自交付时起<u>由卖方转移至买方</u>,合同设备交付给买方之前包括运输在内的所有风险均由卖方承担

核心考点 5　设备采购合同的开箱检验（必考指数★）

项目	内容
检验时间	(1)合同设备交付时；(2)合同设备交付后的一定期限内。 如开箱检验不在合同设备交付时进行，买方应在开箱检验 3 日前将开箱检验的时间和地点通知卖方
检验地点	应在施工场地进行
检验人员	由买卖双方共同进行，卖方应自负费用派遣代表到场参加开箱检验
卖方代表未在场	买方有权在卖方代表未在场的情况下进行开箱检验，对于该检验报告和检验结果，视为卖方已接受
保管责任	如开箱检验不在合同设备交付时进行，则合同设备交付以后到开箱检验之前，应由买方负责按交货时外包装原样对合同设备进行妥善保管，保管的完善，设备的短缺、损坏由卖方负责；保管的不完善，设备的短缺、损坏由买方负责
质量责任	开箱检验的检验结果不能对抗合同设备质量问题，也不能免除或影响卖方依照合同约定对买方负有的包括合同设备质量在内的任何义务或责任

> **重点提示：**
> 责任是否可以免除、责任由哪方承担是需要必须掌握的内容。

核心考点 6　设备采购合同的安装、调试、考核和验收（必考指数★★）

项目	内容
安装、调试	如由于买方或买方安排的第三方未按照卖方现场服务人员的指导导致安装、调试不成功和(或)出现合同设备损坏，买方应自行承担责任。 如在买方或买方安排的第三方按照卖方现场服务人员的指导进行安装、调试的情况下出现安装、调试不成功和(或)造成合同设备损坏的情况，卖方应承担责任。 安装、调试中合同设备运行需要的用水、用电、其他动力和原材料(如需要)等均由买方承担

134

项目	内容
考核	考核中合同设备运行需要的用水、用电、其他动力和原材料（如需要）等均<u>由买方承担</u>。 　由于卖方原因未能达到技术性能考核指标时，为卖方进行考核的机会<u>不超过三次</u>。 　由于买方原因合同设备在考核中未能达到合同约定的技术性能考核指标，则卖方应协助买方安排再次考核，为买方进行考核的机会<u>不超过三次</u>
验收	如合同设备在考核中达到或视为达到技术性能考核指标，则买卖双方应在考核完成后 7 日内或专用合同条款另行约定的时间内签署<u>合同设备验收证书</u>。 　验收日期应为合同设备达到或视为达到技术性能考核指标的日期。 　如由于买方原因合同设备在三次考核中均未能达到技术性能考核指标，买卖双方应在<u>考核结束后 7 日内</u>或专用合同条款另行约定的时间内签署<u>验收款支付函</u>。 　卖方有义务在<u>验收款支付函签署后 12 个月内</u>应买方要求提供相关技术服务，买方应承担卖方因此产生的全部费用。 　合同设备验收证书的签署<u>不能免除</u>卖方在质量保证期内对合同设备应承担的保证责任

重点提示：
(1) 签署文件的时间点一定要掌握。
(2) 责任和费用由哪方承担也是一个主要的采分点。

核心考点 7　设备采购合同的技术服务（必考指数★）

项目	内容
派遣人员	卖方应派遣技术人员到施工场地为买方提供技术服务
提供条件	买方应免费为卖方技术人员提供工作条件及便利，卖方技术人员的交通、食宿费用由卖方承担
撤换人员	如果任何技术人员不合格，买方有权要求卖方撤换，因撤换而产生的费用应由卖方承担

核心考点 8 设备采购合同的违约责任（必考指数★）

项目	内容
承担方式	继续履行、采取修理、更换、退货等补救措施或者赔偿损失等违约责任
卖方迟延交付的违约金	(1) 从迟交的第一周到第四周，每周迟延交付违约金为迟交合同设备价格的 0.5%。 (2) 从迟交的第五周到第八周，每周迟延交付违约金为迟交合同设备价格的 1%。 (3) 从迟交第九周起，每周迟延交付违约金为迟交合同设备价格的 1.5%。 在计算迟延交付违约金时，迟交不足一周的按一周计算。迟延交付违约金的总额不得超过合同价格的 10%
买方迟延付款违约金	(1) 从迟付的第一周到第四周，每周迟延付款违约金为迟延付款金额的 0.5%。 (2) 从迟付的第五周到第八周，每周迟延付款违约金为迟延付款金额的 1%。 (3) 从迟付第九周起，每周迟延付款违约金为迟延付款金额的 1.5%。 在计算迟延付款违约金时，退付不足一周的按一周计算。迟延付款违约金的总额不得超过合同价格的 10%

重点提示：
(1) 首先要记住五种承担方式具体是什么。
(2) 其次要分清楚违约金的约定比例。

第九章　国际工程常用合同文本

第一节　FIDIC 施工合同条件

核心考点 1　FIDIC 系列合同条件（必考指数★）

合同条件	名称	适用范围
《施工合同条件》	新红皮书	适用于各类大型或较复杂的工程或房建项目，尤其适用于传统的"设计—招标—建造"模式，承包商按照业主提供的设计进行施工，采用工程量清单计价，业主委托工程师管理合同，由工程师监管施工并签证支付
《设计采购施工（EPC）/交钥匙工程合同条件》	银皮书	适用于承包商以交钥匙方式进行设计、采购和施工的总承包，尤其适于提供设备、工厂或类似设施，或基础设施工程及 BOT 等类型项目完成一个配备完善的业主只需"转动钥匙"即可运行的工程项目，采用总价合同。 该模式下业主只选定一个承包商，由承包商根据合同要求，承担建设项目的设计、采购、施工及试运行
《土木工程施工合同条件》	红皮书	适合于承包商按发包人设计进行施工的房屋建筑和土木工程的施工项目，采用工程量清单计价，单价可调整，由业主委派工程师管理合同
《生产设备和设计—施工合同条件》	新黄皮书	适用于"设计—建造"模式，由承包商按照业主要求进行设计、提供设备并施工安装的机械、电气、房建等工程的合同，采用总价合同，业主委托工程师管理合同，由工程师监管承包商设备的现场安装以及签证支付
《简明合同格式》	绿皮书	适用于投资金额相对较小、工期短或技术简单，或重复性的工程项目施工，既适于业主设计也适于承包商设计
《设计—建造与交钥匙工程合同条件》	橘皮书	适用于由承包商根据业主要求设计和施工的工程项目和房建项目，采用总价合同
《设计施工和营运合同条件》	金皮书	适用于承包商不仅需要承担设施的设计和施工工作，还要负责设施的长期运营，并在运营期到期后将设施移交给政府的项目

合同条件	名称	适用范围
《土木工程施工分包合同条件》	褐皮书	适用于承包商与专业工程施工分包商订立的施工合同
《客户/咨询工程师(单位)服务协议书》	白皮书	适用于业主委托工程咨询单位进行项目的前期投资研究、可行性研究、工程设计、招标评标、合同管理和投产准备等咨询服务合同

重点提示:
掌握各种合同条件下的适用范围,这是考核单项选择题的很好的素材。

核心考点2 《施工合同条件》中各方责任和义务（必考指数★★★）

参与方	责任和义务
业主	(1)委托任命工程师代表业主进行合同管理。 (2)承担大部分或全部设计工作并及时向承包商提供设计图纸。 (3)给予承包商现场占有权。 (4)向承包商及时提供信息、指示、同意、批准及发出通知。 (5)避免可能干扰或阻碍工程进展的行为。 (6)提供业主方应提供的保障、物资。 (7)在必要时指定专业分包商和供应商。 (8)做好项目资金安排。 (9)在承包商完成相应工作时按时支付工程款。 (10)协助承包商申办工程所在国法律要求的相关许可
承包商	(1)应按照合同规定及工程师的指示对工程进行设计、施工和竣工并修补缺陷。 (2)为工程的设计、施工、竣工及修补缺陷提供所需的设备、文件、人员、物资和服务。 (3)对所有现场作业和施工方法的完备性、稳定性和安全性负责,并保护环境。 (4)提供工程执行和竣工所需的各类计划、实施情况、意见和通知。 (5)提交竣工文件以及操作和维修手册。 (6)办理工程保险。 (7)提供履约担保证书。 (8)履行承包商日常管理职能

参与方	责任和义务
工程师	（1）<u>执行业主委托</u>的施工项目质量、进度、费用、安全、环境等目标监控和日常管理工作，包括协调、联系、指示、批准和决定等。 （2）<u>确定确认</u>合同款支付、工程变更、试验、验收等专业事项等。 （3）工程师还可以向助手指派任务和委托部分权力，但工程师无权修改合同，无权解除任何一方依照合同具有的职责、义务或责任

重点提示：

（1）这个内容是考核多项选择题的素材。

（2）一定要将三方的具体责任和义务对照来学习。

核心考点 3　FIDIC 施工合同条件招投标及合同实施主要事件及顺序（必考指数★）

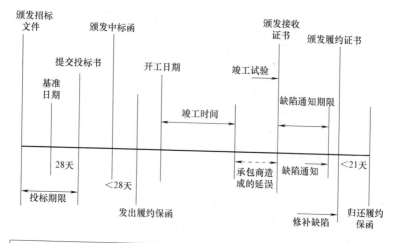

重点提示：

（1）要注意这三个时间的约定。

（2）掌握好这个顺序，对后续的学习有很大的帮助。

核心考点 4 《施工合同条件》典型条款分析（必考指数★★）

项目	内容
检验	承包商应向业主方人员提供一切机会配合检查，但此类活动并<u>不解除承包商的任何义务和责任</u>
试验	(1)<u>承包商应与工程师商定试验的时间和地点</u>。 (2)工程师应提前<u>至少 72 小时</u>将其参加试验的意向通知承包商。如果工程师未在商定的时间和地点参加试验，除非工程师另有指令，承包商可自行进行试验，并视为是在工程师在场的情况下进行的。 (3)因遵守工程师的指令或因业主的延误而使承包商遭受了延误和(或)导致了费用，则承包商应通知工程师并<u>有权向其提出工期、费用和利润索赔</u>。 (4)承包商应立即向工程师提交<u>正式</u>的试验报告。 (5)当规定的试验通过后，工程师应签署<u>承包商的试验证书</u>
拒收	拒收和再度试验致使业主产生了附加费用，则承包商应按照业主索赔的规定，<u>向业主支付这笔费用</u>
修补	已经通过了试验或颁发了证书，工程师仍可以指示承包商： (1)<u>将不符合合同规定的永久设备或材料从现场移走并进行更换</u>； (2)<u>对不符合合同规定的任何工作进行返工</u>； (3)<u>实施任何因事故、不可预见事件等导致的为保护工程安全而急需的工作</u>
工程计量	(1)如果承包商不同意工程量测量记录，应通知工程师并说明记录中不准确之处，<u>工程师应予以确认或修改</u>。 (2)如果承包商在被要求对测量记录进行审查后 <u>14 日</u>内未向工程师发出此类通知，则视为记录准确予以认可。 (3)如果承包商未能派人到场，则工程师的记录应视为准确并予认可

项目	内容
估价	同时满足以下情形一中 4 个条件,或同时满足情形二中 3 个条件的,可对该项工作规定的费率或价格加以调整: (1)情形一: 1)此项工作测量的工程量比工程量表或其他报表中规定的工程量的变动超过 10%; 2)工程量的变动与费率的乘积超过了中标合同额的 0.01%; 3)工程量的变动直接导致该项工作每单位成本的变动超过 1%; 4)合同中没有规定此项工作为固定费率。 (2)情形二: 1)根据变更和调整的规定指示的工作; 2)合同中没有规定该项工作的费率或价格; 3)由于该项工作的性质不同或实施条件不同,合同中未规定适合的费率或价格
价值工程	通过采纳合理化建议给业主带来的净收益,业主应与承包商分享
不可预见	"不可预见"的风险分配方式使承包商在投标时将风险限制在"可预见的"范围内,业主获得的应是承包商未考虑不可预见风险的正常标价和施工方案
工程照管责任	承包商应从开工日期起,承担照管责任,直到颁发工程接收证书之日止,这时工程照管责任应移交给业主。移交给业主后,承包商仍应对其扫尾工作承担照管责任,直到扫尾工作完成。如合同发生终止,则从终止之日起,承包商不再承担工程照管责任
工程的接收	承包商可在其认为工程即将竣工并做好接收准备的日期前不少于 14 日,向工程师发出申请接收证书的通知。工程师在收到承包商申请通知后 28 日内,应向承包商颁发接收证书。如果承包商提交接收申请 28 日内,工程师仍未答复,则若工程达到接收条件,即视为工程已在工程师收到承包商的申请通知后的第 14 天竣工,且被视为已颁发了接收证书。在业主的自主决定下,工程师可为永久工程的任何部分颁发接收证书。如果因业主接收或使用该部分工程而使承包商产生了费用,承包商应通知工程师并有权提出费用及利润索赔

项目	内容
误期赔偿费	误期赔偿费应按照合同中规定的每天应付金额,乘以接收证书上注明的日期超过规定的竣工时间的天数计算,且计算的赔偿总额不得超过合同中规定的<u>误期赔偿费的最高限额</u>。支付赔偿费并<u>不能解除</u>承包商完成工程的义务或合同规定的其他责任和义务
索赔	承包商应在察觉或应已察觉事件或情况后 <u>28</u> 日内向工程师发出索赔通知,在规定期限内向工程师递交一份充分详细的索赔报告,工程师在收到索赔报告或证明资料后 <u>42</u> 日内,或在工程师可能建议并经承包商认可的其他期限内,<u>做出回应</u>。 　　业主通过索赔是否有权得到承包商的支付和(或)缺陷通知期的延长由工程师确定
争端处理	由争端避免/裁决委员会或争端裁决委员会裁决

> **重点提示:**
> 这个内容有点多,每年都会有考题。

第二节　FIDIC 设计采购施工 (EPC)/交钥匙合同条件

核心考点 1　《设计采购施工 (EPC)/交钥匙合同条件》及各方责任和义务 (必考指数★★)

参与方	责任和义务
业主	(1)向承包商<u>提供</u>工程资料和数据; (2)向承包商<u>提供</u>现场进入权和占用权; (3)<u>委派</u>业主代表; (4)做好项目<u>资金安排</u>; (5)向承包商<u>支付</u>工程款; (6)向承包商<u>发出</u>根据合同履行义务所需要的指示; (7)<u>发出</u>变更通知; (8)<u>审核</u>承包商文件; (9)为承包商<u>提供</u>协助和配合; (10)<u>准备</u>并负责业主设备; (11)<u>颁发</u>工程接收证书

参与方	责任和义务
承包商	(1)按照合同进行设计、实施和完成工程,并修补工程中的缺陷; (2)工程完工后应满足合同规定的预期目标; (3)提供合同规定的生产设备和承包商文件,以及设计、施工、竣工和修补缺陷所需的人员、物资和服务; (4)为工程的完备性、稳定性和安全性承担责任并保护环境; (5)提供履约担保证; (6)负责核实和解释现场数据; (7)遵守安全程序; (8)建立质量保证体系; (9)编制提交月进度报告; (10)办理工程保险; (11)负责承包商设备; (12)负责现场保安; (13)照管工程和货物; (14)编制和提交竣工文件; (15)对业主人员进行工程操作和维修培训

核心考点2 《设计采购施工(EPC)/交钥匙合同条件》典型条款分析(必考指数★★★)

项目	内容
合同组成文件	银皮书合同文件的组成及其优先次序是:合同协议书→专用合同条件→通用合同条件→业主要求→明细表→投标书→联合体保证(如投标人为联合体)→其他组成合同的文件
业主要求	包括合同中业主提出的工程目标、范围、设计和技术标准,以及按合同所作的补充和修改。其优先次序仅次于合同协议书和合同条件
业主代表	根据合同,业主应任命一名"业主代表",代表业主进行日常管理工作,业主方应将业主代表的姓名、地址、职责和权力通知给承包商
承包商代表	承包商应任命一名"承包商代表",并授予其代表承包商履行合同所需的全部权力

项目	内容
分包商	承包商应对任何分包商及其人员的行为<u>承担连带责任</u>。只有在专用合同条件中没有限制分包的部分,承包商才能分包。银皮书给予了承包商选择分包商的<u>更大自主权</u>
设计及数据风险	业主应对"业主要求"及业主提供信息的下列部分的正确性负责: (1)在合同中规定的由业主负责或不可改变的部分、数据和资料; (2)对工程的预期目标的说明; (3)工程竣工的试验和性能的标准; (4)承包商不能核实的部分、数据和资料,除非合同另有规定
不可预见的困难	(1)承包商应被认为已取得了对工程可能产生影响和作用的有关风险、意外事件和其他情况的全部必要资料。 (2)通过签署合同,承包商接受对预见到的为顺利完成工程的所有困难和费用的全部职责。 (3)合同价格对任何不可预见的困难或费用不应考虑给予调整。 (4)合同中另有规定的除外
进度计划	银皮书规定,承包商应在开工日期后 <u>28 日</u>内向业主提交一份进度计划。进度计划应包括承包商计划实施工程的<u>工作顺序</u>,包括工程各<u>主要阶段的预期时间安排</u>、<u>各项检验和试验的顺序和时间安排</u>
进度报告	承包商应编制并向业主提交<u>月进度报告</u>,第一次报告应<u>自开工日期起至当月的月底止</u>。以后应每月报告一次,在每次<u>报告期最后一天后 7 日内</u>报出
承包商工期索赔的情形	(1)根据合同变更的规定调整竣工时间。 (2)根据合同条件承包商有权获得工期顺延。 (3)由业主或在现场的业主的其他承包商造成的延误或阻碍
支付	业主在收到承包商的报表和证明文件后的 <u>56 日</u>内支付每期报表的应付款额。 业主在收到经双方商定的最终报表和书面结清证明后 <u>42 日</u>内,向承包商支付应付的最终款额

项目	内容
运维培训	在竣工试验开始前,承包商还应向业主提供临时的操作与维护手册,在业主收到最终正式的操作与维护手册前,不能认为工程已按合同规定的接收要求竣工

> **重点提示:**
> 对照第一节的"核心考点4"来学习。

第三节　NEC 施工合同（ECC)及合作伙伴管理

核心考点1　NEC 系列合同条件（必考指数★）

类型	适用范围
工程施工合同	用于<u>业主和总承包商之间的主合同</u>,也被用于总包管理的<u>一揽子合同</u>
工程施工分包合同	用于<u>总承包商与分包商之间</u>的合同
专业服务合同	用于<u>业主与项目管理人、监理人、设计人、测量师、律师、社区关系咨询师</u>等之间的合同
裁决人合同	用于<u>业主和承包商共同与裁决人</u>订立的合同,也可用于<u>分包和专业服务</u>合同

核心考点2　ECC 合同的内容组成（必考指数★★★)

组成	内容
核心条款	构成了施工合同的<u>基本构架</u>,适用于施工承包、设计施工总承包和交钥匙工程承包等不同模式
主要选项条款	<u>标价合同</u>适用于在签订合同时价格已经确定的合同。 <u>目标合同</u>适用于在签订合同时工程范围尚未确定,合同双方先约定合同的目标成本,当实际费用节支或超支时,双方按合同约定的方式分摊。

组成	内容
主要选项条款	成本补偿合同适用于工程范围很不确定且急需尽早开工的项目,工程成本部分实报实销,再根据合同确定承包商酬金的取值比例或计算方法。 管理合同适用施工管理承包,管理承包商与业主签订管理承包合同,但不直接承担施工任务,以管理费用和估算的分包合同总价报价,管理承包商与若干施工分包商订立分包合同,分包合同费用由业主支付
次要选项条款	包括履约保证;母公司担保;支付承包商预付款;多种货币;区段竣工;承包商对其设计所承担的责任只限运用合理的技术和精心设计;通货膨胀引起的价格调整;保留金;提前竣工奖金;工期延误赔偿费;功能欠佳赔偿费;法律的变化等

核心考点 3　ECC 合同中的合作伙伴管理理念（必考指数★★）

项目	内容
早期警告	(1)早期警告程序是 ECC 共同预警的最重要的机制。ECC 条款规定:一经察觉发现可能出现诸如增加合同价款、拖延竣工、工程使用功能降低等问题,项目经理或承包商均应向对方发出早期警告。 (2)ECC 条款还规定,项目经理和承包商都可要求对方出席早期警告会议,每一方都可在对方同意后要求其他人员出席该会议。 (3)项目经理应在早期警告会议上对所研究的建议和做出的决定记录在案,并将记录发给承包商
补偿事件	ECC 条款中的补偿事件是一些非承包商的过失原因而引起的事件,承包商有权根据事件对合同价款及工期的影响要求补偿,包括获得额外的付款和工期延长

第四节 AIA 系列合同及 CM 和 IPD 合同模式

核心考点 1 CM 模式及其类型 （必考指数★★★）

项目	内容
概念	是指由业主委托<u>一家 CM 单位</u>承担项目管理工作,该 CM 单位<u>以承包单位的身份</u>进行施工管理,并在一定程度上影响工程设计活动,组织<u>快速路径</u>的生产方式,使工程项目实现有条件的<u>边设计边施工</u>
适用范围	尤其适用于实施周期长、工期要求紧的大型复杂工程
类型	分为代理型 CM 模式和风险型(非代理型)CM 模式
代理型 CM 模式的特点	(1)CM 承包商只为业主对设计和施工阶段的有关问题提供咨询服务。 (2)CM 承包商不负责工程分包的发包。 (3)CM 承包商与分包单位的合同由业主直接签订。 (4)CM 承包商不承担项目实施的风险

> **重点提示:**
> 本节中的核心考点 1、2 和 3 必须要掌握,很可能会考。

核心考点 2 风险型 CM 模式的工作特点 （必考指数★）

（1）风险型 CM 承包商的工作内容包括<u>施工前阶段的咨询服务</u><u>和施工阶段</u>的组织管理工作。

（2）CM 承包商在<u>工程设计阶段</u>就应介入。

（3）CM 承包商帮助减少施工期间的设计变更。

（4）当部分工程设计完成后 CM 承包商即可选择分包商施工,通过快速路径方式<u>缩短项目建设周期</u>。

（5）CM 承包商可以自己承担部分施工任务,也可以全部由分包商实施。

（6）CM 负责管理的承包商和指定分包商的工作进行<u>组织、协调和管理</u>。

核心考点 3　风险型 CM 模式的合同计价方式（必考指数★★★）

项目	内容
合同计价方式	采用**成本加酬金**的计价方式，成本部分由业主承担，CM 承包商获取约定的酬金。CM 承包商**不赚取总包与分包合同之间的差价**
CM 承包商的酬金方式	固定酬金；按分包合同价的百分比取费；按分包合同实际发生工程费用的百分比取费
保证工程最大费用的限定	CM 承包商将提出**保证工程最大费用**（GMP）。 当工程实际总费用超过 GMP 时，**超过部分由 CM 承包商承担**。 以下三种情况 CM 承包商可以与业主**协商调整** GMP： (1)发生设计变更或补充图纸； (2)业主要求变更材料和设备的标准、种类、数量和质量； (3)业主签约交由 CM 承包商管理的施工承包商或业主指定分包商与 CM 承包商签约的合同价大于 GMP 中的相应金额等

核心考点 4　IPD 合同模式（必考指数★★）

项目	内容
定义	即**集成项目交付模式**，也称为综合项目交付模式或一体化项目交付模式，是一种将**人力资源**、**工程系统**、**业务架构**和**实践经验**集成为一个过程的项目交付模式
实施过程	概念阶段；标准设计阶段；详细设计阶段；执行文件阶段；机构审查阶段；采购分包阶段；施工阶段；竣工收尾阶段
特点	在报酬激励方面，参与各方共同商定项目目标实现的报酬金额，若实际成本小于目标成本，则业主应将结余资金**按合同约定的比例支付给其他参与方**作为激励报酬。 在索赔方面，参与**各方应放弃**任何对其他参与方的索赔（故意违约等情形除外）。 在争端处理方面，该模式下任何一方提出的争议应提交到由业主、设计单位、承包商等参与方的高层代表和项目中立人所组成的**争议处理委员会**协商解决，项目中立人由参与各方共同指定